省时塑身的自制便当

熊丽蓉 编著

U0388244

黑龙江科学技术出版社
HEILONGJIANG SCIENCE AND TECHNOLOGY PRESS

图书在版编目（CIP）数据

饭盒秘密：省时塑身的自制便当 / 熊丽蓉编著 . —
哈尔滨：黑龙江科学技术出版社，2017.10
ISBN 978-7-5388-9343-4

Ⅰ . ①饭… Ⅱ . ①熊… Ⅲ . ①食谱 Ⅳ .
① TS972.12

中国版本图书馆 CIP 数据核字 (2017) 第 237871 号

饭 盒 秘 密 ——省 时 塑 身 的 自 制 便 当

FANHE MIMI——SHENGSHI SUSHEN DE ZIZHI BIANDANG

作　　者	熊丽蓉
责任编辑	徐　洋
摄影摄像	深圳市金版文化发展股份有限公司
策　　划	深圳市金版文化发展股份有限公司
封面设计	深圳市金版文化发展股份有限公司
出　　版	黑龙江科学技术出版社
	地址：哈尔滨市南岗区公安街 70-2 号　　邮编：150007
	电话：（0451）53642106　　传真：（0451）53642143
	网址：www.lkcbs.cn www.lkpub.cn
发　　行	全国新华书店
印　　刷	深圳市雅佳图印刷有限公司
开　　本	889mm×1194mm　　1/32
印　　张	6
字　　数	120 千字
版　　次	2017 年 10 月第 1 版
印　　次	2017 年 10 月第 1 次印刷
书　　号	ISBN 978-7-5388-9343-4
定　　价	39.80 元

鸡肉

　　如何吃的美味又营养，是上班族们关心的饮食大事。然而朝九晚五的生活节奏，想要准备一顿丰盛的菜肴似乎不太实际，这时，预制食物便是完美的解决方案了。预制食物，就是指一次性做好可以吃几餐甚至几天的食物。无论何时想吃，只要微波炉加热几分钟，就可享受宛如刚煮好的美味口感。

　　本书收录了一百多道便当食谱，都是可以借由微波炉做好几天或一周的预制菜肴。在这里，你可以学到预制食物的烹饪技巧；用微波炉就能快速搞定的菜肴；煮出蓬松Q软米饭的诀窍；匀称健康的身体，需要偶尔吃点"绿"，有凉拌或焯一下水就能即吃的叶子蔬菜；上班族们最头疼的"明天吃什么"问题，交给一周花样便当，蛋白质丰富的鲜虾鱼肉，爽脆留香的配饭小菜，满足一周的味蕾挑剔，周一到周五，每一口，尝出好心情；春夏秋冬，时令有别，通过挑选当令新鲜食材，预制食物也能做出丰富的四季风味。

　　藏在便当盒里的秘密，是好好吃饭的智慧。用心做一份便当，期待每天12点，打开便当的瞬间，美味不期而遇，从明天开始，试试自己做便当吧。

目录 contents

Part 1　预制食物：省时省事，我的塑身佳肴

Part 2　直接用微波炉加热一下就能搞定的菜肴

Part 3　冷冻之后再用微波炉加热的菜肴

Part 6 四季预制便当大不同

春季 消脂排毒正当时

夏季 清凉祛热增食欲

秋季 润燥补肺加水分

冬季 温补祛寒聚热量

Part 1 预制食物：省时省事，
我的塑身佳肴

　　上班族可以以预制食物来解决带饭难题。其快速方便，省时省事，还带来美味和健康。本章我们重点介绍预制食物的做法及其优点，当然，还要了解其必备辅具 -- 微波炉和盛装容器，掌握摆盘创意，便当也能做出新花样，那么跃跃欲试之前，让我们一起来了解下预制食物吧。

预制**食物**,让便当省时省事

什么是预制食物

上班族朝九晚五的生活节奏,想要在家悠闲地久煮慢炖显然不现实。如何吃得美味又健康,既节省时间,又能减少体内脂肪,吃的健康美味,是上班族都关心的饮食大事。

预制食物来帮您轻松解决！ 预制 + 塑身 ,打造简单快速又健康美味的自制美食概念,让繁忙的上班族实现节省时间和减脂塑身的双重目的。

那什么是预制食物呢？就是指一次性做好可以吃几餐甚至几天的食物。可以一次购入多天食材,清洗干净后,进行食材半加工,制好调味料,分盒装入保存容器,放入冰箱保存,食用时再进行微波炉加热、解冻,即成美味佳肴。有时候为了方便,还可以一次做好一周的便当,分装后放入冰箱保存,食用时用微波炉加热即享。

为了便于保存和留住食物的营养成分,预制食物建议多选用新鲜的根茎类或果实类的蔬菜;而叶子类蔬菜容易腐烂变质,不易保存,因此不建议多带。

希望达到塑身目的的人士,可以在预制食物的搭配上花点心思。 减脂主菜 + 减脂副菜 ,主菜以肉类如牛肉、鸡胸肉、鱼肉、鲜虾、鸡蛋等含脂量少、蛋白质丰富的优质肉类为主;副菜以果实类或根茎类的蔬菜为主,如土豆、胡萝卜、莴笋、菌菇类、豆类等蔬菜。

上班带便当的日子,就交给预制食物吧。简单的微波炉,就能帮您轻松搞定美味健康的便当菜肴。

预制食物的优点

亲手制作，享受美味健康

厌倦了外卖的油腻单调，不妨试试在家自己做便当。可以选择自己爱吃又健康的食材，烹煮时依照个人口味调制喜欢的风味，还可有效控制油脂的摄入，不受吃胖困扰，吃得健康又放心。

自由搭配菜色，每天元气满满

从周一到周五，忙碌的工作之余，享受一餐色香味俱全的美食，是生活的小确幸。营养丰富的鱼肉鲜虾，琳琅满目的瓜果蔬菜，都是便当的可选菜式。还可在菜色搭配和营养结构上花点心思，满足味蕾的同时，每天元气满满迎接挑战！

超方便，一次就能做好一周的便当

带便当的日子就交给预制食物吧。空闲时间一次搞定几天或一周的菜肴。利用微波炉或炊具提前做好，冰箱冷冻保存，随时想吃，微波炉加热解冻即可。常备预制食物，上班族们便能轻松搞定"明天吃什么"的吃饭难题。

爱心便当，尝尝幸福的味道

给家人或朋友的便当，是一份幸福的告白；每一次打开，都是一份惊喜；为爱的人认真做一份便当，是生活里的甜蜜时刻，就像中午 12 点，期待着打开便当盒的瞬间，尝到幸福的味道。

　　说到瘦身，人们总想到要降低热量。其实，发胖的原因在于"血糖值急速或者频繁地上升"。而让血糖值上升的东西是糖类。糖类不仅存在于砂糖中，还存在于米饭和面包等碳水化合物中。也就是说，想要减肥，尽量控制含糖量多的食物的摄入即可。

　　减脂的关键词在于平衡 血糖值、维生素、膳食纤维。抑制导致人体发胖的血糖值的上升，多吃富含维生素的食物以增强代谢，摄取膳食纤维促进排便的通畅，就能轻松达到减脂瘦身的目的。

减脂饮食 3 法则

① 肉类也要吃够

　　"避免吃热量高的肉类"是错误的。肉类提供组成我们身体必需的蛋白质，几乎不含糖类，所以多吃一点也没关系。

② 控制糖类

　　首先，试着将米饭、面包、面类等食物的量比平时减少 1/3 ~ 1/2。如果不能很快见效的话，几天不吃主食也没关系，另外，含砂糖和小麦粉的甜点要避免。

③ 多吃蔬菜

　　新鲜蔬菜中含有维生素，不仅能促进消化，还能增强代谢，使代谢变得顺畅，让人变得更容易瘦。此外，蔬菜加热之后体积会变小，可以多吃一些，而且蔬菜含有的丰富膳食纤维，可促进肠道蠕动，帮助人体排便清肠，减肥期间可放心食用。

搭配丰富，营养均衡

虽然自带的便当容纳空间有限，但只要花点心思，在菜品样式上搭配合理，小小的食盒也能包含丰富滋味。

吃得美味，更要吃得健康。午餐的搭配要做到荤素搭配，粗细兼之。膳食均衡、营养全面，才能塑造匀称而健康的身体。

基本组合

主菜 + 副菜 的菜品组合，不仅保证了营养成分的全面摄入，更满足每天多变的口味需求。营养成分上，主菜主要包含蛋白质丰富的鲜肉类、鱼肉鲜虾和蛋类食品；副菜主要是蔬菜、菌菇类和豆类，可补充人体所需的维生素和矿物质。

爱吃肉又怕发胖的妹子们和健身达人，可以多食用牛肉、鸡胸肉、鱼肉和虾肉，它们都是低脂肪高蛋白的优质肉类，对提高身体新陈代谢和塑造健美肌肉都具有明显的好处。在烹饪方式上，煎炒焖煮炖，多样的烹饪方式做出风味多变的美味佳肴。

副菜的选择可谓花样多多，爽脆清香的根茎类蔬菜、鲜香浓郁的菌菇和有嚼劲的豆类蔬菜，都是便当中的常备菜。

做好便当后，利用盛装法进行美观的摆盘，使便当看起来更令人食欲大开，从今天起，就开始试着自己做便当吧。

空闲的时间里，可以事先煮好白米饭放冰箱保存，食用当天再用微波炉加热，也可享受到宛如刚煮好的松软口感。想要煮出蓬松 Q 软的白米饭，就要掌握正确的煮饭诀窍。

美味的洗米法

现在的白米含米糠量普遍较低，轻轻淘洗是关键，过度用力会使白米破损。将适量的白米倒入盆内，加入大量清水轻轻混搅 2 ～ 3 次，快速沥干水分（因为白米特别干燥，遇水会迅速吸收，初次注水会使米糠溶解出来，因此要快速沥干水）。手指要张开挺直，单方向转 10 次左右，迅速搅拌后再注水混合，淘洗时沥干水分，重复 2 ～ 3 次。将米倒入电饭锅内，将水加入指定的水位浸泡 30 分钟左右，开始煮饭。

煮出 Q 软白米饭的锅具选择

现代家庭一般都备有煮饭专用的电饭锅，可以根据个人口感预定煮饭时间，非常方便家庭使用。除此之外，带便当时，还可选用锅缘向内弯的锅具，这样煮饭时米汤不易溅出，煮起来非常方便。

小诀窍：使用锅具煮饭时，洗好 2 杯米的量，先泡水 30 分钟左右，完全沥干水分后再放进锅中，加入 450ml 的水再开火，中火加热煮开后转小火煮 10 分钟，熄火后焖蒸约 10 分钟，就能煮出蓬松 Q 软的白米饭了。

保持白米饭蓬松口感的诀窍

刚煮好的白米饭，米粒间会残留水分，直接放凉会使米饭变得湿黏，要用水沾湿饭勺将整锅饭翻松均匀，这样即使放凉后食用也能保持松软的口感。

高颜值的花式米饭造型

　　蒸熟的白米饭，可以试试利用一些有趣的饭团模具，再发挥一点小创意，可以制作出许多妙趣横生的饭团造型。下面就教大家如何做出一些可爱的饭团造型吧。

蝴蝶飞飞饭团

● 准备工具：蒸熟的白米饭适量、
　　　　　　翅膀饭团模具 1 个、
　　　　　　枸杞适量 、小番茄四个。

● 制作方法：米饭填充到蝴蝶翅膀的模具中，压实脱模后将米饭装入便当盒内，在两边翅膀上点缀上枸杞，饭盒四角装饰上小番茄即可。

迷你手掌饭团

● 准备工具：蒸熟的白米饭适量、红椒 1 小片、
　　　　　　手掌饭团模具 1 个。

● 制作方法：米饭填充到手掌模具中，压实脱模后放入便当盒内，用剪刀将红椒片剪出一个小爱心，置于饭团中心，一个可爱迷你的问好手掌饭团就做好了。

熊猫脸饭团

● 准备工具：蒸熟的白米饭适量、
　　　　　　猫脸饭团模具 1 个、
　　　　　　海苔 1 张、胡萝卜片少许。

● 制作方法：米饭填充到猫脸模具中，压实脱模后将饭团放入较大的便当盒内，用雕刻刀将胡萝卜片雕出熊猫的嘴巴和鼻子，海苔剪出两片半月形的耳朵做装饰，一个萌萌哒熊猫脸就出来了。

● 蔬菜篇 ●

切断纤维的切法

切青椒时，比起顺着纤维切，斜切更容易切断纤维，让食物更好入口，烹煮时也更易煮软变得好吃。

顺着纤维的切法

处理芹菜或者长葱等需要保留爽脆口感的蔬菜时，建议沿着食材的纤维走向顺切。

胡萝卜切丝用刨丝器

处理质地比较硬的蔬菜，需要切丝时，菜刀会显得"笨手笨脚"，选用刨丝器则非常简单，很快就刨出细长的丝状来。推荐制作沙拉或者腌菜切丝时使用刨丝器。

泡水

做沙拉的叶类蔬菜，以冰水浸泡口感会更爽脆水嫩。

● 肉类篇 ●

切断肉筋

在烹饪牛肉、猪排等料理时，会将瘦肉与脂肪间的肉筋用刀尖切开处理，以防止烹饪时肉质收缩、蜷曲，保留肉质柔软的口感。

腌渍

将食材事先用调味料或辛香料腌渍，调料充分拌匀食材静置30分钟，用厨房纸巾擦拭干净渗出的水分，经过煎烧后，食材会变得更酥脆多汁，口感更佳。

撒粉

在烹煮肉类和鲜虾时，撒上太白粉（土豆粉），再充分加热油炒，之后淋上调味料会更容易附着在食材上，更易锁住鲜味。

充分擦干调味料

裹上面粉或淀粉再油炸或煎烧的食物，一定要将事先腌过的调味料擦拭干净，这样一来，烹饪时食物表皮才会酥脆，成品才会多汁。

微波炉和盛装容器 知多少

预制食物常需借助微波炉来快速煮熟或加热食物。因此要快速做出美味菜肴，还要了解微波炉的正确使用方法：掌握微波炉加热基准、使用窍门，不同材质加热容器的特点，便当菜肴的挑选等，这些都是制作出美味菜肴的关键因素，下面让我们来一一了解做出预制食物的相关做法吧。

微波炉加热基准

很多人常常困惑，微波炉加热时间多长适宜？一般来说，微波炉加热时间"宁短勿长"。微波炉的升温原理是利用微波的高频率带动食物中的水分子随之运动，并在此过程中产生大量热量，以达到加热食物的目的。微波本身具有杀菌作用，加热到 70℃已经能够消毒，因此时间不必过长。

微波炉加热时间可根据食物含水量决定，其加热基准可参照如下：

热米饭如果用大火，一般一碗饭转 2 ~ 3 分钟即可；如果是中火，一般要热 5 分钟左右。热米饭要加盖，或在上面扣一个碗，这样热出来才松软好吃。另外，热馒头、饼等面食时，最好先喷上一些水，再加热 1~2 分钟，可避免食物加热造成水分流失，食物就不会又干又硬。

汤类中途要搅拌。汤类加热时，内部温度很高，表面还不够热。所以汤类最好不要一次性热到位，以免汤汁四溅。而应该分两次加热，中途搅拌一下，能热得更快更均匀。注意取出时一定要小心，避免烫伤。

热素菜、肉菜时最好也加盖。一般素菜中火或大火加热 2 ~ 3 分钟，肉类 3 分钟左右；如果是冰冻的食物，加热时间要稍微久点，4 ~ 5 分钟即可。

加热土豆、香肠等带皮的食物时，必须先戳几个小孔，否则会由于压力使其爆裂，鸡蛋由于有壳和蛋膜，直接加热也会爆裂，热整只鸡蛋时，最好先剥皮，加水热 1 分钟左右，保证安全的同时，使鸡蛋保持鲜嫩。同理，也不可将密封瓶罐装的食物，放入微波炉中烹调，以免发生爆炸。

微波炉是加热食物的辅具。其操作虽然简单，但若使用不当，不但达不到预期效果，还会影响微波炉使用寿命。因此要掌握微波炉的使用窍门。

① 窍门一

盛装食物的容器不能使用金属容器，可用微波炉专用材料、玻璃和陶瓷制品做成的加热容器。注意：陶瓷碗碟类容器不能使用镶有金银边的。

② 窍门二

加热前一定要使炉门可靠地关闭。关闭炉门不要用力过猛，不要用硬物卡住炉门密封位置，如遇门锁松脱等情况，应立即停止使用。加热过程中，不要堵塞微波炉上面的排温孔。

③ 窍门三

冷冻食物加热前要先置于解冻档进行解冻；按照食物的种类和烹调的要求，调节加热时间和温度控制旋钮，以免使食物过生或过熟。（不同食物加热时间可参照本章"微波炉加热基准"）

④ 窍门四

达到预定加热时间，微波炉会自动切断电源，发出铃声。加热中途如需要翻搅食物，可开启炉门，微波炉会自动停止工作，且定时器不走时间。加热完毕的食物，如不马上食用，可调至保温档在炉膛中保温。

⑤ 窍门五

带壳的鸡蛋，带密封包装的食物（如罐头类食品）不能直接加热，以免引起爆炸。加热菜肴时，为了防止汁水蒸发，可盖一张保鲜膜。

⑥ 窍门六

不要让微波炉空载工作，以免其因微波炉回轰磁控管而导致损坏。如食物量较少，可在微波炉中放置一杯水同时加热。

　　微波炉是一种可以快速做熟和加热食物的烹饪工具，与其搭配使用的加热容器更要选择专用的，其主要在材质和工艺上有要求，有些加热容器还可作为保存容器使用，如玻璃、陶瓷、塑料材质的容器可兼用做加热容器和保存容器。那么，不同材质的加热容器在材质上有什么特点，哪种更适宜在微波炉加热食物时使用呢？下面我们来——了解。

① 玻璃微波炉饭盒

主要包括硼硅酸玻璃、微晶玻璃、氧化钛结晶玻璃制成的器皿，由于微波穿透性能比较好，物理化学性能稳定，耐高温（可达 500 摄氏度甚至 1000 摄氏度），因此玻璃型的微波炉饭盒适宜在微波炉中长时间使用。

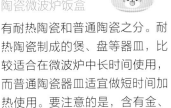

② 陶瓷微波炉饭盒

有耐热陶瓷和普通陶瓷之分。耐热陶瓷制成的煲、盘等器皿，比较适合在微波炉中长时间使用，而普通陶瓷器皿适宜做短时间加热使用。要注意的是，含有金、银线的陶瓷器皿，在微波炉中使用时会打火花，因此建议少用。

③ 塑料微波炉饭盒

聚丙烯、聚丙烯树脂、复合聚丙烯、聚砜等材料制成的各类器皿，耐温达 120 摄氏度以上，都是可以进行微波炉加热的。PET 树脂、聚酯材料制成的器皿，耐温达 220 摄氏度以上，还能用于烧烤。

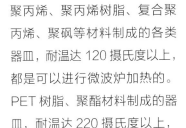

④ 纸质微波炉饭盒

在湿态的情况下，可以在微波炉中短时间使用。但如果时间一长，器皿干燥会引起燃烧。所以为了安全和健康，还是选择玻璃或者陶瓷材质的微波炉饭盒更适宜。

做好的料理，装进保存容器后，试着将菜肴摆出新花样，料理看起来会更美味哦。只要掌握好盛装诀窍，在配菜的颜色和菜肴堆法上花点心思，就能摆出好看的便当造型。

色彩鲜艳的盛装法

让料理看上去更美味，保持红、黄、绿、白、黑5色的平衡很重要。红、黄色是能促进食欲的鲜艳颜色，绿色有补色的效果，可以让料理瞬间变得鲜艳。

从远到近，依次盛装

最简单的盛装法，是在远处先放好最大的主菜，再依序以小型配菜填满前方空隙。

配菜堆成小山状的盛装法

炸牛排、猪排等炸物时，会搭配一些凉拌的生菜。摆盘的重点是，将切丝的生菜摆放在猪排等主菜的后方，并堆成小山状。这样整道料理看起来会更有立体感。

选择自然风韵的木质便当

选择木盒、竹笼等日式风格的便当盒，或是竹叶、一叶兰编制的便当盒，会给人自然风韵的清新感，便当的格调和美感也自然提升。木盒具有吸湿气的优点，竹笼具有散热功效，竹叶和一叶兰都具有杀菌效果，这样即使米饭放凉，也依然颗粒分明。

便当制作的注意事项

1 保证制作器具和保存容器的清洁

制作便当时，要留心事前准备的制作器具和保存容器的清洁。砧板和菜刀等制作器具要保持卫生，保存容器最好事先用滚水消毒，或用酒精度数高的烧酒或料理杀菌后再使用，以有利于食物的保存。

2 为预制食物的保存期限预留时间

预制食物的保存期限会因季节、保存方法、冰箱内的温度而有所差异，选购食材时要注意其保存期限，预留出安全时间，另外，无论任何季节，建议使用保冷剂。

3 绿叶蔬菜、含油脂高的食品少带

根茎类或果实类蔬菜容易保存，微波炉加热后也不易改变菜肴的色和香；相反，绿叶类蔬菜保存期短，不适合隔天保存，因此建议绿叶类的蔬菜少带。

回锅肉等油脂量过高的食品建议少带，相对低油脂食品，这些东西更容易变质不易保鲜。

4 自带菜只要做8分熟

从烹饪的角度讲，"便当族"自带菜要做8分熟，才能避免微波加热营养损失。适合微波炉加热的烹饪方法是蒸、红烧、炖等。要选择适合微波炉加热的加热容器，解冻加热时间控制在3分钟左右。

5 保存食物前要待自然放凉

"食物要待自然放凉再放入冰箱保存"是基本条件，如果将热乎乎的食物放进冰箱，热量将储蓄在内部，食物会极易变质，还会让冰箱内部温度上升，使其它食材也跟着坏掉。另外腌渍类食物要完全浸泡在腌渍液中，不使其露出渍液表面为宜。

　　高颜值的便当会让食物看起来更有食欲，无论是"上班族"自制便当，还是给家人的爱心便当，利用手头的便当小工具，便能轻松做出花样繁多的高颜值便当。以下列举的几个便当制作小工具，让您制作花式便当更得心应手。

① 饭团模具

　　如果厌倦了平铺的米饭，不妨试试饭团模具。在模具中填满米饭，用力按压、将米饭压实固型，脱模后放入保存容器，再装饰一下就是有趣可独特的米饭造型了。

② 蔬菜雕花器

　　一套按压式蔬菜雕花器，便能轻松给蔬菜来个造型大变身，按压出花型、心型等各式蔬菜造型。适合胡萝卜、莲藕、香蕉等果实类食材雕花使用。

③ 切蛋器

　　煮熟的鸡蛋不只可以对半切哦，用切蛋器轻轻一按，就能轻松切出均匀厚薄的鸡蛋片，装饰在便当盒内，看起来是不是更有食欲呢。

④ 蛋糕纸杯或硅胶杯

　　可以装一些小菜，做食材之间的隔板。

⑤ 小竹签或牙签

　　用小竹签或牙签，串联一些肉卷或香肠，可以串成萌萌的串串！

Part 2 直接用微波炉加热一下就能搞定的菜肴

冰箱里常备的鱼肉鲜虾和可长期保存的蔬菜瓜果，都是可以利用微波炉快速烹饪出的便当美味。本章推荐 10 道主菜 +6 道副菜，都可直接用微波炉加热一下便轻松搞定！需要食用时再进行微波炉加热 3 分钟解冻即食，让便当族省心省力做便当。

主菜

冷藏
3~4天

冷冻
1~2周

8分钟

香菇蒸鸡肉

材料

鸡肉…400 克

香菇…40 克

A

食盐…少许

料酒…1 匙

蚝油…2 匙

生抽…半匙

姜丝、蒜片…各少许

做法

① 香菇冲净，加温水泡发至软，去蒂，挤干水后切块备用。

② 鸡肉洗净，剁成容易入口的小块。

③ 放入材料 A 拌匀，腌渍10 分钟至入味，装入加热容器。

④ 倒入香菇块，盖上盖，食用时微波炉加热 7～8 分钟即可。

塑身理由

鸡肉是高蛋白、低脂肪、低热量的肉类，食用鸡肉可有效补充蛋白质，其含有的胶原蛋白还有润泽皮肤的作用，怕胖不敢吃肉的妹纸们可以放心食用哦。

咖喱鸡肉

9分钟

冷藏 2~3天
冷冻 1~2周

材料

鸡腿肉…250 克
西蓝花…半棵

A | 食盐…少许
胡椒粉…少许
咖喱粉…少许
橄榄油…1 小勺

做法

❶ 西蓝花洗净切成小朵备用。

❷ 鸡腿肉切块，放入加热容器中。

❸ 上面撒上材料 A，搅拌均匀，腌渍 10 分钟至入味。

❹ 松松地盖上一层保鲜膜，用牙签戳几个小孔，放入微波炉加热 5 分钟。

❺ 铺上西蓝花，盖上保鲜膜再次加热 4 分钟至西蓝花熟即可。

塑身理由

西蓝花是抗癌减肥的蔬菜之王。含多种人体生长所需的营养素，其中维生素 C 的含量更是超过了西红柿和辣椒。据说，吃西蓝花就可满足一天的蔬菜量！很多健身达人都喜欢吃西蓝花。

冷藏 2~3天
冷冻 1~2周

8分钟

西蓝花猪肉卷

材料

猪里脊肉…200 克
西蓝花…100 克

A
胡椒粉…2 勺
水淀粉…适量
食盐…适量

做法

❶ 西蓝花洗净切块，猪肉洗净切成大薄片。

❷ 肉片加盐抹匀后再均匀摊开。

❸ 将洗好的西蓝花块放在猪肉片上。

❹ 卷成肉卷，并排放入加热容器中。

❺ 在卷好的猪肉卷上均匀淋上材料 A。

❻ 包上保鲜膜，食用时微波炉加热 8 分钟即可。

塑身理由

猪里脊肉是猪肉中脂肪含量相对较低的部位，搭配西蓝花食用更是减脂塑身的黄金搭档。本章菜肴均可利用微波炉加热就可快速烹熟，需要食用时，用微波炉加热 3 分钟解冻即可。

6分钟

 冷藏 1~2天 / 冷冻 1~2周

黄瓜五花肉

 材料

小黄瓜…1 根
猪五花肉…200 克

A

酱油、盐…各少许
胡椒粉…少许
麻油…1 小匙

做法

❶ 小黄瓜切头尾，洗净削成滚刀块，猪五花肉切成约 2cm 宽块状，生姜去皮切丝。

❷ 将猪五花肉放入碗中，倒入材料 A，腌渍入味。

❸ 将腌渍好的猪五花肉放入加热容器，放上小黄瓜。

❹ 盖上保鲜膜，牙签戳几个小孔，食用时微波炉加热 6 分钟即可。

 塑身理由

黄瓜含糖量少、纤维丰富，含有丙醇醋酸，能够抑制食物中的糖类在体内转化成脂肪，是很好的减肥食物，想减肥的妹子们可放心食用哦。

青椒肉块

冷藏 1~2 天
冷冻 1~2 周

6分钟

材料

鸡胸肉…200 克
青椒…2 个

A

食盐…少许
橄榄油…2 小匙
生抽、醋…各 1 大匙
胡椒粉…少许

做法

❶ 青椒洗净切丝，鸡胸肉洗净切小块。

❷ 鸡胸肉块撒上胡椒粉，拌匀入味。

❸ 青椒放入加热容器底部，稍拌均匀。

❹ 腌渍好的鸡肉块铺在青椒丝上。

❺ 淋上材料 A，拌匀入味。

❻ 盖上保鲜膜，食用时微波炉加热 6 分钟即可。

塑身理由

鸡胸肉是鸡肉中含脂肪量和热量都很低的部位，也是减肥期间优质的蛋白质来源之一，青椒具有提高食欲和加速燃烧体内脂肪的作用，搭配食用不仅美味，还能减脂。

6分钟

冷藏 1~2天
冷冻 1~2周

小豆芽牛肉

材料

牛里脊肉…150克
小黄豆芽…100克
大葱…40克

A

生抽…适量
料酒…适量
胡椒粉…适量
橄榄油…适量
食盐…适量

做法

❶ 牛里脊肉洗净切成大片。

❷ 加材料A拌匀腌渍10分钟至入味。

❸ 小黄豆芽洗净，大葱洗净斜切成段。

❹ 牛肉片盛入加热容器，放上黄豆芽、葱段。

❺ 撒上适量食盐调味。

❻ 盖上保鲜膜，食用时微波炉加热6分钟即可。

塑身理由

牛肉的蛋白质含量高，而脂肪含量低，肉质中含有丰富的肌氨酸，对帮助人体肌肉增长有很大帮助，很适宜想要增肌或是喜欢吃肉又担心发胖的人士食用哦。

冷藏 1~2天
冷冻 1~2周

5分钟

木耳蛋丝烤鳕鱼

 材料

木耳…少许　　鳕鱼…200克　　A 酱油…1大匙
胡萝卜…少许　蛋卷…1条　　　　料酒…1大匙
白芝麻…少许

做法

❶ 鳕鱼切块，蛋卷煎好切丝，木耳、胡萝卜切丝，材料A混合拌匀。

❷ 鳕鱼块两面抹上一小撮盐，静置15分钟，用厨房纸巾吸去渗出的水分。

❸ 将调制好的材料A淋在鱼肉上，腌渍10分钟，中途翻面一次，稍稍沥干汁水。

❹ 装进加热容器，撒上白芝麻，放上蛋卷丝、木耳丝和萝卜丝。

❺ 盖上保鲜膜，食用时微波炉加热5分钟，觉得夹生可再加热30秒即可。

 塑身理由

营养均衡才能保持健康体质，鸡蛋和鱼肉含优质蛋白，脂肪含量低；木耳能帮助人体排出代谢废物，对减脂塑身有理想的效果。

8分钟

冷藏 1~2天

冷冻 1~2周

咖喱拌秋刀鱼

材料

秋刀鱼…1条
胡萝卜…少许
青椒…1个
大蒜…少许

A
料酒…少许
白醋…少许
砂糖…少许

B
食盐…少许
咖喱酱…2匙
胡椒粉…少许
水淀粉…少许

做法

① 秋刀鱼去内脏，洗净切块；青椒、胡萝卜切丝；大蒜切末。

② 将秋刀鱼放入碗中，淋上材料A，腌渍入味。

③ 淋入水淀粉，拌匀。

④ 将秋刀鱼块放入加热容器底部。

⑤ 铺上青椒丝、胡萝卜丝，淋入材料B，充分拌匀。

⑥ 包上保鲜膜，食用时微波炉加热8分钟即可。

塑身理由

秋刀鱼是低胆固醇、低钠盐、低饱和脂肪酸的优质鱼肉，其主要成分是蛋白质，而蛋白质能提高人体的新陈代谢，想要减肥的人士不妨试试秋刀鱼。

多彩鲑鱼

冷藏 1~2 天
冷冻 1~2 周
5 分钟

材料

鲑鱼…250 克
西蓝花…100 克
青、红椒…各 30 克

A
料酒…适量
食盐…适量
砂糖…适量

B
植物油…适量
胡椒粉…适量

做法

❶ 鲑鱼切块；西蓝花切块，过沸水后捞出沥干水分；青、红椒切丝。

❷ 鲑鱼块放入加热容器，淋上材料 A，充分拌匀入味。

❸ 上面铺上西蓝花和青、红椒丝，倒入材料 B，充分拌匀。

❹ 包上保鲜膜，食用时微波炉加热 5 分钟即可，若觉夹生可再加热 30 秒。

木耳炒虾球

4分钟

冷藏 1~2天
冷冻 1~2周

材料

A
黑木耳…20 克
荷兰豆…80 克
胡萝卜丝、红椒片…各 20 克
虾仁…150 克

B
植物油…适量
食盐、醋、料酒…各少许

做法

❶ 黑木耳泡发撕成小片；荷兰豆去筋洗净，焯烫后捞出。

❷ 虾仁洗净去头尾，去壳，加入材料 B 腌渍入味。

❸ 将腌渍好的虾球装入加热容器底部，上面放上材料 A。

❹ 盖上保鲜膜，食用时微波炉加热 4 分钟即可。

副菜

3分钟

冷藏 **2~3**天
冷冻 **1~2**周

洋葱西蓝花

 材料　西蓝花…半颗　　食盐…少许
　　　　　洋葱…1/4 颗　　香油…适量

做法

❶ 西蓝花洗净切成小块，焯水至断生。

❷ 西蓝花沥干水分，洋葱洗净切丝。

❸ 将西蓝花块、洋葱丝装入加热容器内。

❹ 淋上食盐和香油，搅拌入味。

❺ 盖上保鲜膜，牙签戳几个小孔。食用时微波炉加热 2 ~ 3 分钟即可。

塑身理由

洋葱含有的硒是一种抗氧化剂，不仅能抗癌，还有延缓细胞衰老的功效；西蓝花是抗癌减肥的蔬菜之王，具有清肠排毒作用，很适宜减脂期间食用。

冷藏 1~2天
冷冻 1~2周
3分钟

咖喱彩椒拌豆芽

 材料　彩椒…2个　　　咖喱酱…小半碗

嫩豆芽…100克　　食盐…少许

香油…少许

做法

① 全部食材洗净，彩椒切丝，装入加热容器，拌匀。

② 淋上咖喱酱，搅拌均匀。

③ 加入食盐、香油，充分拌匀入味。

④ 盖上保鲜膜，牙签戳几个小孔，食用时微波炉加热2～3分钟即可。

塑身理由　彩椒的营养元素非常丰富，含有蛋白质、维生素、纤维素、胡萝卜素等。据测定，每100克彩椒含有104毫克维生素C，可提高人体新陈代谢和血液循环，有助于人体脂肪燃烧。

3分钟

冷藏 2~3天
冷冻 1~2周

五彩玉米

材料　玉米粒…300 克　　　　　植物油…适量
　　　　胡萝卜、黄瓜…各 50 克　　食盐…2 克

做法

❶ 玉米粒洗净，胡萝卜、黄瓜去皮洗净，切成小丁。

❷ 将全部食材装入加热容器，拌匀。

❸ 淋入植物油，拌匀。

❹ 撒上食盐，拌匀。

❺ 盖上保鲜膜，牙签戳几个小孔透气，食用时微波炉加热 2 ~ 3 分钟即可。

塑身理由　玉米是热量较低，纤维含量较高的粗粮，适量进食可缓解便秘，营养学会建议每天最好吃 50 克以上粗粮，推荐塑身人士经常食用。

金菇青椒

| 冷藏 | 1~2 天 |
| 冷冻 | 1~2 周 |

3 分钟

材料 青椒…2 个
金针菇…1 小把
圆白菜…80 克

A 香油…适量
生抽…适量
食盐…少许

做法

❶ 青椒洗净切条，圆白菜洗净切条。

❷ 金针菇洗净，切去根部泡水洗净。

❸ 全部食材装入加热容器，淋上材料 A，拌匀入味。

❹ 盖上保鲜膜，表面戳些小孔，食用时微波炉加热 3～4 分钟即可。

香菇拌腐竹

6分钟

冷藏 2~3天
冷冻 1~2周

材料

干香菇…4 朵
腐竹…50 克
青椒、红椒…各少许

A | 香油、食盐…各适量
| 香醋、生抽…各少许

做法

❶ 干香菇、腐竹泡发至软；腐竹切段，香菇、青红椒切条。

❷ 全部食材放入加热容器，搅拌均匀。

❸ 淋上材料 A，充分拌匀入味。

❹ 盖上保鲜膜，牙签戳些小孔透气，食用时微波炉加热6 分钟即可。

豆腐皮蔬菜卷

冷藏 2~3天
冷冻 1~2周
5分钟

材料

胡萝卜…50克　黄瓜…80克

火腿肠…50克　豆腐皮…100克

A | 甜面酱…10克
香油…适量
胡椒粉……适量

做法

① 黄瓜、胡萝卜、火腿肠均洗净切丝；豆腐皮洗净备用。

② 将黄瓜丝、火腿丝、胡萝卜丝放入腐竹内，撒上胡椒粉。

③ 收拢食材，将之卷成腐皮卷。

④ 并排放入加热容器内，表面均匀抹上材料A。

⑤ 盖上保鲜膜，表面戳些小孔，食用时微波炉加热5分钟即可。

Part 3
冷冻之后再用微波炉加热的菜肴

本章推荐 40 道便当主副菜，闲暇时事先煮好，放进冰箱保存，食用时用微波炉加热解冻几分钟，即可享受宛如刚出锅的美味口感，能量爆棚的主菜搭配爽口副菜，带给便当族们丰富的尝鲜体验。

主菜

山椒烤鸡腿

冷藏 1~2 天
冷冻 1~2 周
3 分钟

材料

鸡腿肉…250 克
青椒…3 个

A
食盐…2 小匙
酱油…2 小匙
料酒…2 小匙
砂糖…2 小匙

食用油…适量
胡椒粉…少许

做法

❶ 用叉子在鸡腿皮上戳出小孔，青椒洗净去蒂。

❷ 青椒烤至虎皮状，待熟软后捞出备用。

❸ 中火加热食用油，下入鸡腿肉，煎至两面金黄后捞出。

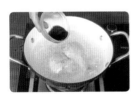

❹ 起锅倒入清水，下入鸡腿煮至肉质熟透，加入材料 A 调味。

❺ 放入青椒，待汤汁覆盖食材并浸透入味即可。

❻ 装入保鲜盒保存，撒上胡椒粉，食用时微波炉加热 3 分钟即可。

塑身理由

青椒能刺激人体唾液和胃液的分泌，增进食欲，加速肠道蠕动，帮助消化，有利于降脂减肥防病；鸡腿肉质鲜美，搭配青椒食用，风味鲜香，是健康美味的便当常备菜。

冷藏 2~3天
冷冻 1~2周
3分钟

茄汁鸡肉丸

材料
葱末…适量
鸡腿肉…250克
黑木耳…100克

A
番茄汁…适量
糖醋汁…适量
淀粉…适量
食用油…适量

做法

① 鸡腿肉洗净，剁成肉馅。

② 黑木耳泡发好洗净切末，加入鸡肉馅和葱末，用筷子拌成胶状。

③ 制成鸡肉丸子。

④ 均匀裹上淀粉。

⑤ 烧沸食用油，炸熟鸡肉丸，淋上材料A，食用时微波炉加热3分钟即可。

塑身理由
黑木耳中的胶质可把残留在人体消化系统内的灰尘、杂质及放射性物质吸附，集中起来排出体外，从而起到清胃、涤肠、防辐射的作用。

冷藏
1~2天

冷冻
1~2周

3分钟

莴笋木耳炒鸡柳

材料

木耳…20克
莴笋…250克
红椒片…少许

A
鸡胸肉…200克
蒜末…少许
姜片…少许

B
食盐、鸡精…各少许
生抽、蚝油…各少许
食用油…少许
水淀粉…少许

做法

❶ 鸡胸肉洗净切片，莴笋去皮切片，木耳泡发后撕成片。

❷ 鸡胸肉加少许水淀粉拌匀。

❸ 锅中放食用油烧热，炒香蒜末和姜片，下入鸡胸肉片滑炒一会儿。

❹ 加入材料A翻炒至八分熟。

❺ 加材料B炒至入味。

❻ 装入保鲜盒，放入冰箱保存，食用时微波炉加热3分钟即可。

塑身理由

芦笋所含蛋白质、糖类、多种维生素和微量元素的质量优于普通蔬菜，它风味鲜香，能增进食欲，帮助消化，是低热量、低糖的健康蔬菜，是塑身减脂的好帮手。

4分钟

冷藏 2~3天
冷冻 1~2周

麻辣鸡翅

材料

A
| 鸡翅…400克
| 姜片、蒜粒…适量
| 干辣椒、花椒粒…适量

B
| 酱油…适量
| 料酒…适量

C
| 白醋…适量
| 胡椒粉…适量
| 豆瓣酱…适量
| 食用油…少许

做法

❶ 鸡翅洗净，切成一字刀。

❷ 加材料B腌渍20分钟，至鸡翅入味。

❸ 锅中注油烧热，将鸡翅中小火煎至金黄焦香，盛出。

❹ 锅中注油烧热，下入材料A小火爆香，再下豆瓣酱炒出香味。

❺ 加入鸡翅翻炒一会儿，加适量清水煮沸，倒入材料C，煮至鸡翅熟，汁收即可。

❻ 沥干汤汁后装入容器保存，食用时微波炉加热4分钟即可。

推荐理由

花椒可去除肉类的腥气，促进唾液分泌，增加食欲，使血管扩张，从而起到降低血压的作用。搭配鸡翅食用，味道鲜香，有促进食欲和提高消化的作用。

冷藏 2~3天
冷冻 1~2周

4分钟

鲁式姜炒鸡

材料

仔鸡…半只
姜片、蒜末…各30克
青椒、红椒…各少许

A
酱油…适量
料酒…适量
白醋…适量
胡椒粉…适量

B
食盐…适量
鸡精…适量
食用油…适量

做法

❶ 仔鸡去内脏、鸡头、鸡屁股后洗净，斩小块。

❷ 在沸水中焯烫5分钟，除去血水和浮沫后捞出。

❸ 青椒、红椒洗净切小片。

❹ 锅中放食用油烧热，炒香姜片、蒜末，加入鸡块翻炒至八分熟。

❺ 加入材料A，炒至鸡肉入味并上色。

❻ 倒入清水、青红椒片，煮至汤汁收干加材料B；装盒保存，食用时微波炉加热4分钟。

塑身理由

鸡肉是优质的蛋白质来源，为人体提供必要的能量，其肉质鲜嫩，风味鲜香，搭配青红椒食用，更能提鲜去腥，还具有促进代谢消化、增进食欲的作用。

4分钟

冷藏 2~3天
冷冻 1~2周

玉米鸭丁

材料

去骨鸭腿肉…300克

玉米粒…200克

青椒、红椒…各适量

生姜片…少许

A

食盐…2克

白醋…少许

料酒…少许

香油…适量

做法

① 去骨鸭腿肉洗净，斩丁。

② 加料酒拌匀腌渍鸭肉丁半小时至入味。

③ 玉米粒洗净，青、红椒洗净切丁。

④ 锅中注香油烧热，爆香姜片，翻炒鸭肉丁至八分熟。

⑤ 加入玉米粒和青、红椒丁翻炒。

⑥ 加材料 A 调味，装入保存容器，食用时微波炉加热 4 分钟即可。

塑身理由

鸭肉的脂肪链结构接近于橄榄油，属于不饱和脂肪，是热量相对较低的肉类，想要减脂的人士可将鸭肉去皮，或食用低脂肪的鸭脯肉，可避免摄入的油脂超量。

冷藏
1~2天

冷冻
1~2周

3分钟

双耳蒸蛋皮

材料

鸡蛋…4 个

猪肉馅…200 克

木耳碎、银耳碎…各 25 克

A

食盐、料酒…适量

胡椒粉…少许

植物油…少许

水淀粉…少许

做法

❶ 鸡蛋加水淀粉拌匀，锅中注植物油烧热，倒入蛋液摊成 3 张蛋皮。

❷ 银耳碎、木耳碎分别与猪肉馅拌成两种馅料，加材料 A 拌匀。

❸ 先在 1 张蛋皮上铺上银耳碎和猪肉馅，再铺上一层蛋皮。

❹ 铺上木耳碎和猪肉馅，上面再盖一张蛋皮，制成蛋饼。

❺ 入蒸锅蒸 6 分钟至熟，取出切成块状。

❻ 放凉后装入保鲜盒，食用时微波炉加热 3 分钟即可。

塑身理由

银耳含有较高的纤维素，有缓解便秘的作用；木耳泡发后热量降低，其纤维和钾含量也极高。两者和鸡蛋同食，不仅口感鲜香，更有丰富的营养价值。

冷藏 2~3 天
冷冻 1~2 周
4 分钟

黄豆炖猪排骨

材料

黄豆…100 克
猪排骨…400 克
葱白…少许
生姜…1 小块

A
酱油、料酒…3 大匙
砂糖…1 匙
食盐…少许
食用油…少许

做法

① 黄豆先提前一晚浸泡好，葱白切成小段，生姜削皮切薄片。

② 猪排骨块平铺锅底，黄豆、生姜撒在猪排骨缝隙中。

③ 淋入材料 A。

④ 注入没过食材的清水，中火烹制沸腾后捞去浮沫，小火煮至大豆熟软、排骨肉烂后，揭盖续煮至汤汁收干。

⑤ 装入保鲜盒中保存于冰箱中，需要食用时微波炉加热 4 分钟左右即可。

塑身理由

黄豆是一种富含优质蛋白和纤维的豆制品，其中 80% 以上为不饱和脂肪酸，是优质蛋白的来源。排骨也含有丰富蛋白质，与黄豆炖煮成汤，能强健筋骨。

冷藏 1~2天

冷冻 1~2周

4分钟

生姜烧肉

材料

猪里脊肉…250 克

生姜泥…适量

葱白…少许

A | 料酒…少许
料酒…少许
砂糖…少许
番茄酱…少许
橄榄油…适量
酱油…3 大匙

做法

① 猪里脊肉切去韧筋，切成厚薄适中的片状。

② 加入 1 匙酱油、材料 A 及一半的生姜泥、葱白腌渍入味。

③ 中火热锅，倒入橄榄油烧热，将猪里脊肉连同腌料倒入锅中煎烧。

④ 猪肉煎至两面上色后，加入剩余酱油、生姜泥、少许清水，煮至猪肉充分入味。

⑤ 装入保存容器，淋入少许锅中留下的酱汁，食用时微波炉加热 4 分钟即可。

推荐理由

当天准备的料理，可稍稍添加生姜泥和酱油的分量，让菜肴风味更佳；装入便当盒后在肉片上淋上锅中剩余的酱汁，以不渗出便当为原则。

冷藏
1~2天

冷冻
1~2周

3分钟

肉末茄子

材料　紫茄子…300 克
　　　　猪肉…50 克
　　　　葱丝、红椒丝…各少许

A　香油…适量
　　生抽…适量
　　白醋…适量
　　姜末、蒜末…各适量
　　食盐…适量

做法

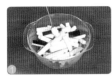

❶ 紫茄子洗净切成条状，撒入适量食盐拌匀备用。

❷ 猪肉洗净，剁成肉泥，备用。

❸ 将猪肉泥和茄条拌匀，压成肉饼，放入蒸盘。

❹ 放入蒸锅，蒸至茄条和猪肉泥熟软，撒上葱丝、红椒丝，淋上材料 A，续蒸 2 分钟。

❺ 装入保存容器中，放冰箱冷藏保存。食用时微波炉加热 3 分钟即可。

塑身理由　茄子是为数不多的紫色蔬菜之一，它的紫皮中含有丰富的维生素 E 和维生素 P，热量低且营养丰富，推荐在减肥期间食用。

酱骨架

4分钟

冷藏
3~4天

冷冻
1~2周

材料

猪龙骨…500 克
香料包（陈皮、
八角、桂皮、花椒）
…1 个
卤汁（酱油加水）
…适量
香菜叶…少许

做法

1 猪龙骨洗净斩块，入沸水中余去血水，除去浮沫，捞出沥干水。

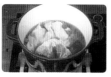

2 锅中倒入卤水烧开，放入香料包和猪龙骨。

3 煮开后再小火煮 50 分钟，煮至猪龙骨熟烂入味即可。

4 装入保鲜盒内，淋入少许卤汁，加入香菜叶，放冰箱保存，食用时微波炉加热 4 分钟即可。

苦瓜炒培根

冷藏
1~2天

冷冻
1~2周

2分钟

材料

苦瓜…半根
培根…50 克
洋葱…1/4 颗

A
食盐…少许
胡椒粉…少许
姜泥…适量
麻油…少许

做法

① 苦瓜洗净对半剖开，刮去子瓢，切成宽条状，洋葱洗净切条。

② 培根切成 1cm 宽。

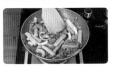

③ 中火热锅，炒香麻油，将培根、苦瓜、洋葱放入爆炒。

④ 撒上材料 A 快速翻炒入味。

⑤ 装入保存容器内放冰箱保存，食用时微波炉加热 2 分钟。

肉饼蒸蛋

3分钟

冷藏 1~2 天
冷冻 1~2 周

材料

瘦猪肉…150 克　　红椒丁…少许

豆腐…200 克　　　蒜末…少许

鸡蛋…4 个　　　　葱花…少许

　　　　　　　　　香油…少许

A
食盐…2 克
姜汁…少许
食用油…少许
生抽…少许

做法

 ❶ 将豆腐用刀背压碎，包入纱布中挤去水分。

 ❷ 瘦猪肉洗净剁成肉末，加入豆腐碎、蒜末及材料 A 装碗压实。

 ❸ 打入 4 个鸡蛋，大火蒸熟，撒入红椒丁和葱花，淋入香油，切成四等分。

 ❹ 装入保存容器中，放冰箱保存，食用时微波炉加热 3 分钟即可。

草菇炒五花肉

4分钟

冷藏 2~3天
冷冻 1~2周

材料

五花肉…300 克
草菇…150 克
红椒、蒜、姜…各适量

A
香醋…适量
食盐…适量
胡椒粉…适量
食用油…适量
料酒、酱油…各适量

做法

❶ 五花肉洗净切片，草菇洗净切片，红椒切段，蒜、姜均洗净切片。

❷ 锅中注油爆香姜片、蒜片，放入五花肉片煸炒至出油酥香。

❸ 放入草菇一同翻炒，加酱油、料酒调味，炒香入味。

❹ 加红椒翻炒，加材料 A 炒入味，装入保鲜盒，食用时微波炉加热 4 分钟即可。

牛蒡炒牛肉

4分钟

冷藏
2~3天

冷冻
1~2周

材料

牛里脊肉…250 克

牛蒡…150 克

姜丝…适量

A
生粉…适量
酱油…2 匙
料酒…1 匙

B
食盐…少许
醋…1 大匙
食用油…适量

做法

① 牛里脊肉洗净切丝，加材料 A 拌匀腌渍入味。

② 牛蒡清水洗净去皮，切成丝状后焯水捞出备用。

③ 中火热锅，倒入食用油炒香姜丝，加入牛肉炒至变色，放入牛蒡丝翻炒。

④ 炒至牛肉牛蒡丝八分熟，加材料 B 炒香入味即可出锅。

⑤ 装入保鲜盒，放冰箱冷冻保存，食用时微波炉加热 4 分钟即可。

胡萝卜金针菇肉卷

4分钟

冷藏 1~2天

冷冻 1~2周

材料

牛腿肉薄片…约200克

金针菇…50克

胡萝卜…50克

A

酱油…适量

料酒…1大匙

砂糖…小半匙

胡椒粉…少许

植物油…适量

做法

❶ 金针菇洗净；胡萝卜切丝；牛肉铺开，放入金针菇、胡萝卜丝，卷成牛肉卷。

❷ 中火热锅，注入植物油烧热，将牛腿肉卷开口朝下放进锅内煎烤。

❸ 肉卷煎至变色后翻面煎，倒入材料A，转小火续煎入味。

❹ 调料覆盖食材煮至入味后，撒上胡椒粉即可出锅。

❺ 装入保存容器，淋少许锅中留下的酱汁，放冰箱保存；食用时微波炉加热4分钟即可。

开胃双椒炖牛腩

4分钟

冷藏
1~2天

冷冻
1~2周

材料

牛腱肉…300 克
红椒、青椒…各 30 克
姜片、蒜末、葱白…各少许

辣椒酱…10 克
料酒、生抽、水淀粉…各适量
食盐、鸡粉、食用油…各适量

做法

❶ 牛腱肉洗净切小块；红椒、青椒洗净切圈。

❷ 热锅倒入食用油，爆香姜片、蒜末、葱白，倒入牛腱肉翻炒。

❸ 放入辣椒酱，淋入料酒、生抽，翻炒均匀。

❹ 注入适量清水，转中火炖至肉熟，倒入青椒、红椒翻炒，加入食盐、鸡粉调味。

❺ 用水淀粉勾芡后装入保鲜盒，食用时用微波炉加热 4 分钟即可。

塑身理由

牛肉是肉类中脂肪含量低且蛋白丰富的优质肉类，而牛腱肉是牛腿部位肉，经精细修割干净，剔除筋油，美味又低脂，很适宜减肥期间食用。

豌豆玉米牛肉

4分钟

冷藏
1~2天

冷冻
1~2周

材料

豌豆…80 克

玉米粒…80 克

牛里脊肉…250 克

蒜末、姜末…各适量

A
料酒…适量
水淀粉…适量
胡椒粉…适量

B
食盐…适量
鸡精…适量
植物油…适量

做法

❶ 牛里脊肉洗净切丁，加材料 A 拌匀腌渍入味。

❷ 倒入植物油，爆香蒜末、姜末，加入牛肉丁翻炒一会儿。

❸ 加入豌豆、玉米粒，炒至断生。

❹ 注水加盖焖煮至八分熟、汁收干，加入材料 B 调味即可。

❺ 装入保鲜盒保存，食用时微波炉加热 4 分钟即可。

三鲜炒鱿鱼

冷藏 1~2 天
3 分钟
冷冻 1~2 周

材料

A
香芹…100 克
彩椒…50 克
黑木耳…80 克
鱿鱼…300 克
姜末…少许

B
食盐…适量　　料酒…适量
鸡精…适量　　植物油…适量
白醋…适量

做法

❶ 香芹洗净切段，鱿鱼洗净切圈，彩椒洗净切丝，黑木耳泡发后切丝。

❷ 锅中注植物油烧热，爆香姜末；放入鱿鱼块炒至断生，淋入料酒。

❸ 放入材料 A 翻炒至八分熟。

❹ 淋入材料 B 炒入味。装入保存容器放冰箱保存，食用时用微波炉加热 3 分钟即可。

鲜椒煎带鱼

冷藏
3~4天

冷冻
1~2周

4分钟

材料

A
鲜花椒、鲜胡椒、
干辣椒…各少许
带鱼…400克

B
食盐、酱油、
料酒、鸡精
…各少许
食用油…适量
淀粉…适量

做法

❶ 带鱼去头、内脏，洗净，切成长约5厘米的段；剁碎材料A。

❷ 带鱼段加少许材料A和材料B腌渍半小时，鱼身两面均匀拍上淀粉。

❸ 锅内烧热食用油，将带鱼下锅炸至两面金黄。

❹ 留少许油爆香材料A，放入带鱼煎炸，注入少许清水煮开即可出锅。

❺ 装入保鲜盒内放冰箱保存，食用时用微波炉加热4分钟即可。

蛤蜊煎蛋

冷藏 1~2 天
冷冻 1~2 周

3 分钟

材料

蛤蜊肉…200 克
鸡蛋…3 个

食盐…3 克
白糖…3 克
食用油…适量

做法

① 蛤蜊肉洗净，沸水焯烫 1 分钟后捞出沥干水分。

② 取鸡蛋打一碗蛋液；倒入蛤蜊肉，加食盐、白糖搅匀。

③ 煎锅烧热食用油，倒入蛤蜊鸡蛋液。

④ 小火煎至两面呈金黄色,切成四等分。

⑤ 装入保鲜盒内放冰箱保存，食用时用微波炉加热 3 分钟即可。

五彩爆虾球

3分钟

冷藏
1~2天

冷冻
1~2周

材料

鲜虾…250 克
彩椒…50 克
西芹…80 克

A 食盐…少许
鸡精…少许
料酒…少许
橄榄油…少许

做法

 ① 鲜虾去头、壳和虾线后洗净，加料酒腌渍一会儿去腥味。

 ② 彩椒去子洗净切段，西芹洗净后切成菱形状。

 ③ 锅中放橄榄油烧热，下入鲜虾肉翻炒至变色。

 ④ 加入彩椒、西芹，翻炒至熟后加材料A调味即可。

 ⑤ 装入保鲜盒，放入冰箱保存，食用时微波炉加热 3 分钟即可。

冷藏 1~2天
冷冻 1~2周

2分钟

青瓜炒虾仁

 材料

鲜虾…250 克
鲜黄瓜…200 克
红椒丁…少许

A

食盐…少许
鸡精…少许
植物油…少许
料酒…少许

做法

① 鲜虾去头去壳后洗净，加料酒腌渍去腥味；鲜黄瓜去皮，洗净切片。

② 锅中放植物油烧热，倒入鲜虾快速翻炒至变红。

③ 放入黄瓜片、红椒丁，一同炒熟。

④ 撒入材料 A，炒入味即可出锅。

⑤ 装入保存容器中，放入冰箱保存，食用时微波炉加热 2 分钟即可。

 塑身理由

虾仁蛋白质含量高，热量较低，肉质几乎不含脂肪；青瓜热量极低，水分含量充足，食用后饱腹感强，非常适宜减肥期间食用。

副菜

冷藏 2~3 天
冷冻 1~2 周

2 分钟

松仁香芋

材料

芋头…300 克　　植物油…适量

松仁…50 克　　食盐…适量

青椒、红椒…各少许

做法

❶ 芋头去皮，切成菱形状，入锅中蒸至五六成熟。

❷ 青椒、红椒洗净切丁。

❸ 起锅烧热植物油，小火炒香松仁，倒入芋头片、青红椒丁翻炒至熟。

❹ 加入食盐调味。

❺ 装入保鲜盒，放凉后放冰箱保存，食用时再微波炉加热 2 分钟即可。

塑身理由

松仁富含蛋白质和脂肪，其脂肪大部分为油酸、亚油酸等不饱和脂肪酸，可防衰抗老，美容润肤；香芋是美味的粗粮食品，可代替主食食用。

冷藏
1~2天

冷冻
1~2周

2分钟

芥蓝百合

材料
芥蓝…250 克
鲜百合…80 克
胡萝卜…50 克

植物油…适量
食盐…适量
蒜瓣…少许

做法

❶ 芥蓝洗净去根部斜切成段；百合洗净剥片；蒜瓣和胡萝卜洗净切片。

❷ 锅中注入植物油，爆香蒜片，将芥蓝、百合、胡萝卜入锅快速翻炒熟。

❸ 最后加食盐调味即可。

❹ 沥汁后装入保鲜盒，食用时微波炉加热 2 分钟即可。

塑身理由

芥蓝中含有有机碱，这使它带有一定的苦味，能刺激人的味觉神经，增进食欲，还可加快胃肠蠕动，有助消化，是减肥降脂的好帮手。

山药火腿卷

3分钟

冷藏 1~2天
冷冻 1~2周

材料　山药…400 克
　　　　蛋皮…3 张
　　　　青豆…100 克
　　　　火腿肠丁…100 克

　　　　食用油…适量
　　　　食盐…少许

做法

 ❶ 山药去皮，切成片，蒸熟后趁热压成山药泥，再加少许清水拌匀。

 ❷ 清水加食盐煮开，煮至青豆断生，捞出；与火腿肠丁、山药一起拌匀成馅料。

 ❸ 取一张蛋皮铺平，铺上拌好的馅料，上面刷一层食用油，卷成蛋卷，入锅蒸 4 分钟。

 ❹ 取出切段装入保存容器中，食用时微波炉加热 3 分钟即成。

南瓜木耳炒山药

2 分钟

冷藏
1~2 天

冷冻
1~2 周

材料 山药、南瓜…各 200 克
黑木耳…20 克
荷兰豆…50 克

植物油…适量
食盐…少许

做法

 ❶ 山药、南瓜去皮切成稍厚的片；再将山药用水焯至断生，捞出备用。

 ❷ 黑木耳泡发后撕成片，荷兰豆洗净去筋。

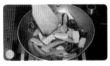 ❸ 锅中注植物油烧热，下入黑木耳、荷兰豆和南瓜片翻炒断生。

 ❹ 加入山药片，快速翻炒至熟，加食盐调味即可出锅。

 ❺ 装入保鲜盒，放入冰箱保存，食用时微波炉加热 2 分钟即可。

冷藏
1~2天

冷冻
1~2周

2分钟

核桃炒四季豆

材料

四季豆…250 克　　食用油…适量

核桃仁…80 克　　食盐…适量

红椒丝…30 克

蒜末…少许

做法

① 四季豆洗净后切丝，红椒洗净切丝。

② 四季豆丝入沸水中焯至断生；核桃仁洗净备用。

③ 热油爆香蒜末，倒入核桃仁、红椒丝、四季豆翻炒，加食盐调味即可出锅。

④ 放凉后装入保鲜盒，放入冰箱保存，食用时微波炉加热 2 分钟即可。

推荐理由

核桃可健脑益智，对长期面对电脑工作的上班族是很好的益智食品；四季豆含有一定的纤维，水分含量高，热量较低，是一道很适合上班族食用的美味便当。

腰果全蔬

2分钟

冷藏
1~2天

冷冻
1~2周

材料

A

西蓝花…半颗

胡萝卜片…50 克

荷兰豆…80 克

腰果…80 克

百合、黑木耳…各 30 克

橄榄油…少许

食盐…少许

做法

❶ 西蓝花洗净切成小朵，黑木耳泡发后洗净撕小片。

❷ 锅中烧开适量清水，将材料 A 焯水至六七成熟，捞出沥干水分。

❸ 锅中放橄榄油烧热，将腰果小火炒至干香，倒入黑木耳、百合一同翻炒。

❹ 再倒入材料 A 翻炒至熟。

❺ 加食盐调味即可出锅；装入保鲜盒，食用时微波炉加热 2 分钟即可。

苦瓜炒香干

2分钟

| 冷藏 | 1~2天 |
| 冷冻 | 1~2周 |

材料

苦瓜…200 克
香干…150 克
豆豉…20 克
红椒…少许

食盐…少许
食用油…适量

做法

❶ 苦瓜洗净，剖开去子，切成块状，过一下沸水，捞出沥干水分。

❷ 香干洗净切条，红椒洗净切片备用。

❸ 锅中热油，爆香豆豉，下入红椒片、香干条翻炒2分钟。

❹ 加入苦瓜块翻炒至熟。

❺ 加食盐调味即可，放凉后装入保鲜盒，放冰箱保存，食用时微波炉加热2分钟。

二冬烧腐竹

2分钟

冷藏 2~3天
冷冻 1~2周

材料

A
冬菇…30 克
冬笋…200 克

B
腐竹…50 克
青椒、红椒…各 25 克
蒜片…适量

C
食盐、酱油…各适量
鸡精…少许
食用油、水淀粉…各适量

做法

❶ 冬菇泡发洗净切块；腐竹泡发至软切成段，青红椒洗净切段。

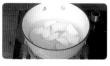
❷ 冬笋去皮切成片，入沸水中焯烫一会儿捞出。

❸ 锅中热油，爆香蒜片，加入材料 A 翻炒一会儿。

❹ 加入材料 B，炒匀后加少许水，焖烧至八成熟。

❺ 加材料 C 和水淀粉勾芡即成，装入保鲜盒放入冰箱保存，食用时微波炉加热 2 分钟即可。

荷塘炒锦绣

2分钟

冷藏
2~3天

冷冻
1~2周

材料

A 莲藕…100 克
水发木耳、扁豆、彩椒、芦笋…各 50 克
鲜百合…30 克
蒜片…少许

植物油…适量
水淀粉、食盐…各少许

做法

❶ 莲藕洗净去皮切片；扁豆斜切成条，一起焯水至断生，捞出沥水备用。

❷ 木耳、彩椒均洗净切片，芦笋切成段，百合剥成瓣洗净。

❸ 热油爆香蒜片，倒入材料 A，翻炒至八分熟。

❹ 加食盐调味，加水淀粉勾芡即成；装盒放入冰箱，食用时用微波炉加热 2 分钟即可。

卤汁豆腐

2分钟

冷藏 1~2天
冷冻 1~2周

材料

豆腐…400 克
红椒…20 克
姜片…少许
老汤…适量

A
酱油…200 毫升
桂皮、八角…各适量
香叶…少许
白糖…少许

做法

① 将豆腐冲净，红椒洗净切成丝。

② 老汤入锅中煮开，加入姜片及材料 A 一起煮沸成卤汁。

③ 放入豆腐，中火煮 15 分钟至卤汁入味。

④ 捞出切成片，装入保鲜盒，再倒入少许卤汁，放入冰箱保存，食用时微波炉加热 2 分钟即可。

芫爆杏鲍菇

冷藏 1~2天
冷冻 1~2周

2分钟

材料

杏鲍菇…300 克
香菜（芫荽）…80 克
蒜蓉…少许

A 食盐、生抽、
鸡精…各少许
食用油…适量

做法

❶ 杏鲍菇洗净，切成条；香菜切段。

❷ 锅中放油烧热，爆香蒜蓉，加入杏鲍菇条翻炒熟软。

❸ 加入香菜段翻炒匀。

❹ 加材料 A 调味，装入保鲜盒放冰箱备食。

京味三鲜

冷藏 1~2天
2分钟
冷冻 1~2周

材料

A | 干辣椒、蒜蓉…各少许
香芹、香干…各 150 克
花生米…150 克

B | 食盐、醋、鸡精…各适量
食用油…适量

做法

 ❶ 花生米浸泡 30 分钟，煮至六七成熟；香干切丁；香芹洗净切段。

 ❷ 热油爆香材料 A，下入花生米、香干炒至将熟。

 ❸ 放入香芹段一起翻炒匀。

 ❹ 加入材料 B 炒入味，装入保鲜盒放冰箱保存，食用时微波炉加热 2 分钟即可。

松仁玉米

2 分钟

冷藏
2~3天

冷冻
1~2周

材料

松仁…50 克

玉米粒…50 克

韭菜薹…50 克

A 食盐…少许

鸡精…少许

食用油…少许

做法

 ❶ 松仁、玉米粒、韭菜薹分别洗净，韭菜薹洗净切成短段。

 ❷ 锅中放油烧热，下入松仁小火炒至焦香。

 ❸ 下入玉米、韭菜薹段翻炒至八分熟。

 ❹ 加材料 A 调味。装入保鲜盒后放冰箱保存，食用时微波炉加热 2 分钟即可。

大碗菜花

冷藏 2~3 天
3 分钟
冷冻 1~2 周

材料

A
姜末、蒜末…各少许
红尖椒…50 克
白菜花…450 克
五花肉…150 克

B
盐、生抽、白醋、
辣椒油…各少许
食用油…适量

做法

① 白菜花洗净切成小朵，沸水焯至五成熟后捞出沥干水分。

② 五花肉洗净切成片，红尖椒洗净切圈。

③ 锅中注油烧热，下入五花肉片煸炒至出油。

④ 加入白菜花翻炒一会后加少许水，烧至菜心熟软、汤汁收干。

⑤ 加材料 A 炒匀，淋入材料 B，装入保鲜盒，食用时微波炉加热 3 分钟。

菜心炒珍菌

2分钟

冷藏 1~2天
冷冻 1~2周

材料

A | 蟹味菇、白玉菇…各 150 克

B | 菜心…200 克
圣女果…100 克

C | 食盐、鸡精…各少许
食用油…适量

做法

❶ 材料 A 洗净去根；菜心洗净切段；圣女果洗净切开。

❷ 锅中放油烧热，下入材料 A，翻炒一会儿。

❸ 加入材料 B，一同翻炒至八分熟。

❹ 加材料 C 调味，装入保鲜盒，食用时微波炉加热 2 分钟。

葱香烧茄子

3分钟

冷藏
1~2天

冷冻
1~2周

材料

A | 香菇粒、毛豆…各 40 克
茄子…250 克
五花肉…200 克

B | 食盐、淀粉…各少许
酱油、蚝油…各少许
食用油……少许
葱、姜、蒜末…各适量

做法

① 将茄子切成四方丁，裹上淀粉煎炸，捞出沥油。

② 材料 A 焯水备用；五花肉洗净切成小丁。

③ 锅中注入食用油烧热，下入五花肉丁煸炒至干香。

④ 加入材料 A 和茄子丁，翻炒 3 分钟。

⑤ 加材料 B 煮入味，沥干汁后装入保鲜盒，食用时微波炉加热 3 分钟即可。

Part 4 快手蔬菜新鲜吃

健康匀称的身材，需要偶尔吃点"绿"。为了避免绿叶蔬菜的不足，便当中要加入适量的叶子类蔬菜。闲暇时，将喜欢吃的蔬菜焯一下水或制成凉拌，淋上特制调料，口感酸甜清脆的蔬菜就可轻松搞定！

双色包菜沙拉

材料　卷心菜（包菜）…200 克　　　　千岛酱…适量
　　　　紫甘蓝…150 克
　　　　圣女果、黄瓜…各 60 克

做法

① 卷心菜、紫甘蓝放入凉开水中浸泡 5 分钟。

② 将卷心菜和紫甘蓝捞出切成细丝；黄瓜洗净切片，圣女果洗净后一剖两半。

③ 所有蔬菜装入容器，搅拌均匀。

④ 淋入千岛酱，拌匀后即成美味蔬菜沙拉。

塑身理由　多汁青瓜、酸甜圣女果搭配爽脆紫甘蓝，口感酸甜，令人食欲大开，蔬菜沙拉富含多种蔬菜纤维和水分，能帮助人体清肠排毒，许多健身达人都喜欢吃。

甜爽西蓝花

材料　西蓝花…150 克

橄榄油…少许
食盐…少许

做法

① 西蓝花洗净，切成小朵。

② 锅中注水烧开，放入一小勺食盐和橄榄油。

③ 放入西蓝花焯水至断生，待色泽青翠时捞出装入保鲜盒即可。

塑身理由　西蓝花是抗癌减肥的蔬菜之王。其中维生素 C 的含量更是超过了西红柿和辣椒。以热水焯熟烹制，避免了煎炒带来的油脂，并保留了爽脆清香的口感，是健身达人都爱吃的健康低脂蔬菜。

拌蒿子秆

材料　茼蒿…300 克

枸杞…少许

陈醋、食盐…各 1 小匙
香油…10 毫升

做法

1 枸杞用开水泡发开，沥干。

2 将茼蒿切去根部洗净，用淡盐水浸泡
10 分钟，沥干水分。

3 将陈醋、食盐和香油淋入碗内搅匀，
浇在茼蒿上拌入味。

4 上面撒上泡发好的枸杞，装盘即可
享用。

白菜心拌彩椒

材料

白菜心…200 克
彩椒…100 克

A | 香油、食盐…各适量
白醋…适量

做法

❶ 彩椒洗净去子切丝; 白菜心洗净切丝。

❷ 白菜丝用开水浸泡 5 分钟,捞出过凉开水并沥干水分。

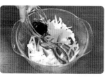

❸ 将白菜丝、彩椒丝一起装碗,淋入材料 A 拌匀入味即可。

塑身理由

白菜心热量很低,搭配富含维生素 C 的彩椒,口感爽脆,简单的凉拌烹调,使营养损失最小,是减肥期间推荐的健康蔬菜。

田园拌菜

材料

A
彩椒…适量
生菜…适量
苦苣…适量
紫甘蓝…适量
圣女果…适量

B
橄榄油、食盐、
白糖…各适量

做法

① 圣女果洗净，对半剖开。

② 材料 A 洗净，用淡盐水浸泡 10 分钟，沥干水分。

③ 彩椒切块；紫甘蓝、生菜、苦苣撕小，装入容器加材料 B 调味拌匀。

塑身理由　彩椒和苦苣富含维生素，紫甘蓝具有抗衰、抗氧化的美容作用，生菜是含水量高、热量低的蔬菜，富含胡萝卜素；这道菜口感酸甜，是减脂塑身的妹纸们的美容利器哦！

103

豆芽拌紫甘蓝

材料

紫甘蓝…100 克
绿豆芽…100 克
青柿子椒…80 克

A | 食盐、香油…各适量
白醋、白糖…各适量

做法

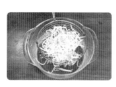

❶ 绿豆芽洗净；紫甘蓝洗净切丝；青柿子椒洗净切丝。

❷ 将所有材料放入开水中汆烫，1 分钟后捞出过凉开水。

❸ 将所有材料装入碗中。

❹ 加入材料 A 调味，拌匀入味即可。

腌椒圈

材料

青椒…100 克
红椒…100 克
大蒜…适量

A｜醋、生抽、
白糖…各适量
食盐…适量
香油…少许

做法

❶ 青椒、红椒洗净，去蒂后切成圈。

❷ 加食盐腌渍半小时，沥干水分。

❸ 大蒜洗净切成蒜末。

❹ 将蒜末和材料 A 拌入彩椒圈，最后
淋入香油即可。

拌双脆

材料 黄瓜…200 克
　　　莴笋…200 克
　　　黄彩椒…1 个
　　　蒜末…适量

A | 香油、白醋…各适量
　 | 食盐、白糖…各适量
　 | 生抽…适量

做法

❶ 黄瓜洗净，切成圈；莴笋洗净切片。

❷ 黄彩椒去蒂、子后洗净切成菱形片。

❸ 装入容器内，加入材料 A 及蒜末，拌匀即可。

塑身理由

黄瓜含水量丰富，口感清脆，黄彩椒的辣椒素能帮助肠道排出代谢废物，是减肥期间推荐的健康低脂蔬菜。

106

蚝油豆角

材料　豇豆…150 克

植物油…适量
蚝油…适量
蒜末…适量

做法

❶ 豇豆洗净，切成段。

❷ 锅中放水烧开，淋入少许植物油，放入豇豆段，焯水至八九成熟。

❸ 盛出装入碗中，加入植物油、蚝油及蒜末，拌匀即可。（可依个人口味加入辣椒丁）

塑身理由　豆角是热量较低、纤维含量较高的蔬菜，有利于缓解便秘，同时钾含量较高，可缓解水肿，推荐在减肥期间食用。

巧拌海藻

材料　海藻…200 克
　　　蒜末、红椒丝…各 5 克

A | 红油、陈醋…各 10 毫升
　 辣鲜露…5 毫升

做法

❶ 先将海藻浸泡洗净，切成段。

❷ 锅中注水烧开，放入海藻焯水快速捞起沥干水。

❸ 海藻丝装入碗中，放上蒜末、红椒丝，淋入材料 A 拌匀入味即可。

塑身理由　海藻是低热量，高水分的食物，经常食用，能帮助缺水肌肤补充水分，具有收缩毛孔，美白肌肤的美容功效，爱美又爱吃的妹纸们可多吃海藻哦。

多彩水果沙拉

材料

橙子…适量
苹果…适量
香蕉…适量
猕猴桃…适量
火龙果…适量

沙拉酱…适量

做法

 ❶ 将所有水果洗净去皮。

 ❷ 将所有水果果肉切成大小均匀的丁。

 ❸ 加入沙拉酱拌匀后装盘即可享用。

塑身理由

多种水果杂锦，拌上美味沙拉酱，口感酸甜，营养丰富，水果的丰富维生素能补充人体所需元素，可减脂解腻，是美味健康的水果"零食"。

有机蔬菜沙拉

材料 红圣女果…3 个
有机蔬菜（生菜、紫甘蓝
小黄瓜）…各适量

千岛酱…适量

做法

 ❶ 生菜、紫甘蓝、小黄瓜、圣女果均
洗净，凉开水浸泡 5 分钟。

 ❷ 圣女果洗净，对半剖开；生菜、紫
甘蓝切段；黄瓜切片。

 ❸ 装入容器内，淋入千岛酱后拌匀即
可食用

塑身理由　紫甘蓝具有抗衰、抗氧化的美容作用，生菜的含水量高、热量
很低。将多种蔬菜制成凉拌，口感酸甜，补充人体纤维还带来
水分，是减脂期间推荐的健康蔬菜。

Part 5 一周健康便当花样多

便当族们感到头疼的问题可能是"今天吃什么？""明天吃什么？"别担心，本章已为您搭配好一周的便当食谱。一天三道主菜＋副菜便当套餐，满足便当族一周的营养需求。

星期一

能量满满，告别
"星期一综合征"的食谱

香菇土豆牛腩便当

香菇土豆炖牛腩
枸杞苦瓜　香菜拌黄豆

香菇土豆炖牛腩

4分钟

冷藏 2~3天
冷冻 1~2周

材料

牛腩…250克
土豆…100克
干香菇…100克
青、红椒…各少许
姜、蒜片…各少许

食盐…适量　酱油、料酒…各适量
食用油…适量　胡椒粉、鸡精…各适量
豆瓣酱…适量

做法

 ❶ 干香菇浸泡至软切成块；土豆去皮洗净，切滚刀块，青红椒洗净切片。

 ❷ 牛腩洗净切块，焯水至五成熟后捞出沥干水分。

 ❸ 锅中注油烧热，炒香姜蒜片和豆瓣酱，放入牛腩块、土豆、香菇一同翻炒。

 ❹ 加清水烧沸，转中火炖煮至食材熟。

 ❺ 放青、红椒片和剩余调料煮至汤汁收干入味即可出锅。

冷藏
1~2天
冷冻
1~2周

2分钟

枸杞苦瓜

材料

苦瓜…150 克　　食盐…适量
枸杞…15 克　　白醋…适量
蒜片…适量　　香油…适量

做法

1 枸杞清水泡开，沥干水分备用。

2 苦瓜洗净，剖开除去瓜子，切成片状。

3 苦瓜加少许食盐腌渍一下，挤干水分。

4 锅中烧热香油，爆香蒜片，下入苦瓜翻炒，放入枸杞，快速炒熟后加食盐、醋调味即成。

冷藏
2~3天
冷冻
1~2周

2分钟

香菜拌黄豆

材料

水发黄豆…100 克　　食盐…2 克
香菜…20 克　　芝麻油…5 毫升
姜片、花椒…各少许

做法

1 黄豆提前浸泡至软，锅中注水烧开，倒入黄豆、姜片、花椒、食盐调味。

2 将黄豆加盖煮开后转小火煮 20 分钟，拣去姜片、花椒后装入保鲜盒。

3 将香菜盛入保鲜盒中，加入食盐、芝麻油，搅拌片刻，使其入味即可。

香菜猪排便当

香菜猪排
酱油卤蛋　萝卜炒口蘑

香菜猪排

4分钟

冷藏
2~3天

冷冻
1~2周

材料

猪里脊肉…250 克　鸡蛋…2 个
香菜末…少许

A
食盐…少许　　面粉…适量
胡椒粉…少许　食用油…适量

做法

① 猪里脊肉切去韧筋，切成容易入口的肉片。

② 肉片撒上材料 A，两面薄薄裹上一层面粉。

③ 鸡蛋打成蛋液，加入香菜末、少许食盐，拌匀入味。

④ 平底锅内注入油，以较弱的中火热锅，将肉片刷上蛋液，入锅煎烤。

⑤ 中间翻面煎烤，两面肉片都煎至呈金黄色泽即可出锅保存。

酱油卤蛋

冷藏
4~5天
冷冻
1~2周

材料　鸡蛋…3 个

A
酱油…50 毫升
料酒…25 毫升
甜醋…2 大匙
白糖…1 大匙

做法

❶ 鸡蛋加水煮熟，剥壳后放入碗中。

❷ 锅中倒入材料 A，煮至沸腾，放入熟鸡蛋，浸渍 3 小时腌渍成卤蛋。

❸ 用切蛋器将卤蛋切成数片即可。

萝卜炒口蘑

冷藏
2~3天
冷冻
1~2周

2 分钟

材料
胡萝卜…100 克
口蘑…150 克
蒜薹…少许

A
食盐、生抽、
醋…各少许
橄榄油…适量

做法

❶ 胡萝卜洗净切片，口蘑洗净切片。

❷ 蒜薹洗净，切段。

❸ 锅中烧热橄榄油，倒入口蘑片、胡萝卜，翻炒 5 分钟。

❹ 加入蒜薹翻炒熟，淋入材料 A 炒 1 分钟即可，装入保鲜盒内，放冰箱保存，食用时微波炉加热 2 分钟即可。

杂粮红杉鱼便当

姜汁红杉鱼
杂粮饭　　肉末豆角

姜汁红杉鱼

4分钟

冷藏
1~2天
冷冻
1~2周

材料　红杉鱼…200 克　　　食盐…少许
　　　　姜丝…10 克　　　　　食用油、生抽…各适量

做法

❶ 将红杉鱼处理干净，沥干水分，放入食盐、姜丝腌渍入味。

❷ 热锅注油，把鱼擦干，放入锅里，中火煎至两面金黄。

❸ 加入 1 匙生抽，注入适量清水烧开。

❹ 转中小火续煮 10 分钟左右，沥干汤汁后装入保鲜盒，放入冰箱保存，食用时微波炉加热 4 分钟即可享用。

推荐理由　红杉鱼是咸水鱼，本身已十分鲜美，简单加点生抽淋汁就已足够。红杉鱼肉质丰厚，是高蛋白低脂肪的优质鱼肉，对提高人体记忆力和思考力很有帮助。

3分钟

冷藏
2~3天
冷冻
1~2周

杂粮饭

材料

大米…60 克

糙米…50 克

黑米…50 克

做法

1. 将大米、糙米、黑米淘洗干净。

2. 将三种米放入电饭锅中，拌匀，加适量清水，按下"煮饭键"煮熟。

3. 将煮好的杂粮饭装入保存容器，放入冰箱保存，食用时微波炉加热 3 分钟即可。

3分钟

冷藏
2~3天
冷冻
1~2周

肉末豆角

材料

肉末…120 克　　食盐…少许

豆角…200 克　　食用油…少许

做法

1. 豆角洗净切段，焯熟，捞出。

2. 锅中热油，放入肉末煸炒至熟，盛出备用。

3. 另起锅注油，快速煸炒豆角后，加少许清水焖至八分熟。

4. 豆角快熟时，倒入炒好的肉末，加入食盐调味，装入保鲜盒，放入冰箱保存，食用时微波炉加热 3 分钟即可。

星期二

提升活力，
走出闲散状态的食谱

胡萝卜丁炒鸡肉便当

胡萝卜丁炒鸡肉
扁豆炒蛋　草菇扒芥菜

胡萝卜丁炒鸡肉

冷藏 2~3 天
冷冻 1~2 周

4 分钟

材料 鸡胸肉…250 克　姜、蒜末 … 各　A　食盐…3 克　食用油…适量
胡萝卜…100 克　少许　　　　　鸡粉…2 克　水淀粉…5 毫升
　　　　　　　　　　　　　米酒…5 毫升

做法

① 胡萝卜去皮，洗净切丁装碗备用。

② 鸡胸肉洗净切丁，加入少许材料 A 腌渍 10 分钟至入味。

③ 烧热食用油，爆香姜末、蒜末，倒入鸡肉丁翻炒，加米酒炒香。

④ 倒入胡萝卜丁，翻炒一会儿，再淋入少许清水煮沸。

⑤ 加食盐、鸡粉调味；加水淀粉勾芡，煮至汤汁收干即可保存。

扁豆炒蛋

冷藏
1~2 天
冷冻
1~2 周

2分钟

材料

鸡蛋…3 个 　　食盐…少许
扁豆…150 克 　　食用油…少许

做法

① 扁豆洗净切丝。

② 鸡蛋打入碗中，打成蛋液。

③ 锅中放食用油烧热，炒熟扁豆丝，加食盐炒入味。

④ 淋入蛋液，炒熟装入保鲜盒保存即可。

草菇扒芥菜

冷藏
1~2 天
冷冻
1~2 周

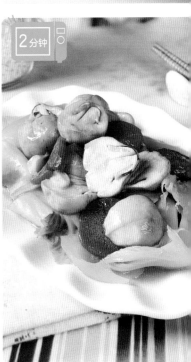

2分钟

材料

芥菜…250 克 　　生抽…5 毫升
草菇…200 克 　　水淀粉、芝麻油、
胡萝卜片…30 克 　　食用油…各适量
蒜片…少许 　　食盐…2 克
　　　　　　　　鸡粉…2 克

做法

① 草菇洗净切花刀，芥菜洗净切段。

② 草菇焯水捞出，芥菜焯水至熟后装盒；热油起锅爆香蒜片，炒香胡萝卜片，加清水、生抽稍煮，加入草菇，加盐和鸡粉调味。

③ 煮熟后加水淀粉勾芡，淋上芝麻油装盒。

豆腐鲜虾便当

豆腐毛豆煮虾仁
蒜苗炒口蘑　　酸辣土豆丝

豆腐毛豆煮虾仁

冷藏
1~2 天

冷冻
1~2 周

3分钟

材料

嫩豆腐…200 克
毛豆…50 克
鲜虾仁…150 克

A 食盐、生抽、
水淀粉…各少许

橄榄油…适量
姜蒜汁…少许

做法

 ❶ 鲜虾仁洗净，加姜蒜汁腌渍入味。

 ❷ 豆腐切块，毛豆洗净。

 ❸ 锅中烧热橄榄油，下入豆腐丁煎至金黄色。

 ❹ 撒入毛豆，加入适量清水焖煮。

 ❺ 煮 5 分钟后下入虾仁，续煮 2 分钟，加材料 A 煮入味即可出锅保存。

2分钟

| 冷藏 | 2~3天 |
| 冷冻 | 1~2周 |

蒜苗炒口蘑

材料

蒜苗…2根
姜片…少许
口蘑…250克
朝天椒圈…15克

A | 蚝油…5毫升
  | 生抽…5毫升

B | 食盐…2克
  | 鸡粉…1克
  | 食用油…适量

做法

1 口蘑洗净切厚片；蒜苗洗净斜刀切段。

2 锅中注水烧开，将口蘑片焯水至断生。

3 另起油锅爆香姜片、朝天椒圈；加口蘑片、材料A，翻炒2分钟，加材料B调味。

4 倒入切好的蒜苗，炒约1分钟，即可出锅。

2分钟

| 冷藏 | 2~3天 |
| 冷冻 | 1~2周 |

酸辣土豆丝

材料

葱叶…少许
红椒…少许
土豆…200克
香油…适量

A | 食盐…3克
  | 白糖…适量
  | 鸡粉…适量
  | 白醋…少许

做法

1 土豆去皮切丝；红辣椒切丝，葱叶切段。

2 热锅注入香油，翻炒土豆丝片刻，加材料A炒入味。

3 倒入红椒丝、葱叶炒匀，淋入少许香油，炒匀即可出锅保存。

柠香三文鱼便当

柠香煎三文鱼
番茄焖饭　　枸杞绿豆苗

柠香煎三文鱼

冷藏
1~2 天
冷冻
1~2 周

3分钟

材料

三文鱼…200 克　　食盐…少许　　酱油…少许

柠檬…1 小个　　料酒…少许　　橄榄油…少许

做法

1 三文鱼两面均匀地抹上食盐腌渍 10 分钟。

2 用厨房纸吸干三文鱼表面的多余水分。

3 不粘锅倒入适量橄榄油，中火煎烤三文鱼。

4 两面煎至焦黄色时，淋入少许酱油、料酒，挤入柠檬汁。

5 酱汁入味后，即可出锅装入保鲜盒，放冰箱保存，食用时微波炉加热 3 分钟即可。

美味指数

三文鱼是深海鱼，肉质肥美鲜嫩，蛋白质含量很高，对降低血脂和血胆固醇很有帮助。香煎三文鱼的鲜嫩融入柠檬的清新酸，周二时光，尝一口活力倍现，走出闲散状态。

番茄焖饭

冷藏
1~2天
冷冻
1~2周

3分钟

材料　番茄…1个　　　　食盐…适量
　　　　大米…100克　 A　黑胡椒粉…适量
　　　　　　　　　　　　　橄榄油…适量

做法

❶ 番茄洗净去蒂，大米洗净加清水和材料A。

❷ 放入去蒂的番茄，加盖焖煮成米饭。

❸ 煮熟后，去掉番茄外皮，用饭勺搅拌米饭和番茄，充分拌匀即可。

❹ 将番茄饭盛入到保鲜盒放冰箱保存，食用时微波炉加热3分钟即可。

枸杞绿豆苗

冷藏
1~2天
冷冻
1~2周

2分钟

材料　绿豆苗…150克　　食盐…少许
　　　　蒜末…少许　　　　香醋…适量
　　　　枸杞…适量　　　　香油…适量

做法

❶ 绿豆苗去根须，洗净，焯水断生后捞出。

❷ 热锅注入香油，爆香蒜末，放入绿豆苗翻炒一会儿。

❸ 加食盐、香醋调味拌匀。

❹ 撒上枸杞，装入保存容器，放入冰箱保存，食用时微波炉加热2分钟即可。

星期三

积蓄力量，
保持旺盛精力的食谱

孜然卤香猪排骨便当

孜然卤香猪排骨
豆皮拌豆苗　　咖喱花菜

孜然卤香猪排骨

4分钟

冷藏 2~3天
冷冻 1~2周

材料

排骨段…400 克
食用油…适量

A
香叶、桂皮、八角…各少许
姜块…30 克

B
青、红椒片…各 20 克
香菜末、蒜末…各少许

C
食盐…2 克
料酒、生抽、老抽…各适量

D
鸡粉…1 克
孜然粉…2 克

做法

 ❶ 清水烧沸，余排骨段，除去血水、浮沫，捞出沥干水分。

 ❷ 锅中注油烧热，放入材料 A 翻炒出香味，放入排骨段，加入材料 C 调味。

 ❸ 注入适量清水，大火烧开后转小火煮至汤汁收干。

 ❹ 倒入材料 B 烧煮入味，加材料 D 调味即可出锅。

冷藏
2~3天
冷冻
1~2周

豆皮拌豆苗

材料

豆皮…80 克　　食盐…2 克
豆苗…50 克　　鸡粉…1 克
花椒…10 克　　生抽…5 毫升
葱花…少许　　食用油…适量

做法

❶ 豆皮洗净切丝，豆苗焯水 1 分钟；豆皮焯水 2 分钟捞出，撒上葱花。

❷ 烧热食用油，爆香花椒，翻炒 1 分钟后，将花椒油淋在豆皮和葱花上。

❸ 放入豆苗，加食盐、鸡粉、生抽调味。此菜凉拌食用口味为佳，可不用加热。

2分钟

冷藏
2~3天
冷冻
1~2周

咖喱花菜

材料

花菜…200 克　　鸡粉…1 克
姜末…少许　　食用油…适量
食盐…2 克　　咖喱粉…10 克

做法

❶ 花菜洗净切成小朵，清水煮沸，加少许食用油和食盐，将花菜煮至断生后捞出。

❷ 锅中注油，撒上姜末，大火爆香；加入咖喱粉，炒香。

❸ 倒入花菜，加少许清水快速炒熟，加食盐、鸡粉，炒匀调味即可。

酱焖黄花鱼便当

酱焖黄花鱼
秋葵炒蛋　　拌莴笋

酱焖黄花鱼

冷藏 1~2天
3分钟
冷冻 1~2周

材料

黄花鱼…400 克
黄豆酱…10 克

A
姜片…10 克
蒜末…10 克
葱段…5 克

B
盐、白糖…各 2 克
生抽…5 毫升
食用油…适量

做法

① 将黄花鱼处理干净，背部切一字刀。

② 热锅注入食用油烧沸，放入黄花鱼，煎至两面微黄捞出。

③ 锅底留油，爆香材料 A，炒香黄豆酱。

④ 加生抽，注入适量清水，倒入黄花鱼焖烧入味。

⑤ 加入材料 B 调味，盖上盖，大火焖煮 5 分钟，收干汤汁即可出锅。

秋葵炒蛋

材料

秋葵…200 克 　 食盐…2 克
鸡蛋…2 个 　 　 鸡粉…2 克
葱花…少许 　 　 水淀粉…适量
　 　 　 　 　 　 食用油…适量

做法

1 秋葵洗净切圈,鸡蛋打成蛋液,加食盐、鸡粉、水淀粉,搅拌均匀。

2 热油炒熟秋葵,撒入少许葱花,炒香,淋入鸡蛋液,翻炒均匀至熟。

3 将炒好的秋葵鸡蛋盛出,装入保鲜盒备食。

拌莴笋

材料

莴笋…100 克 　 　 食盐…3 克
胡萝卜…100 克　A　白糖…2 克
黄豆芽…80 克 　 　 生抽…4 毫升
蒜末…少许 　 　 　 陈醋…5 毫升
　 　 　 　 　 　 　 芝麻油…适量
　 　 　 　 　 　 　 食用油…适量

做法

1 胡萝卜、莴笋切丝;水烧开,加少许盐、食用油,将胡萝卜丝、黄豆芽、莴笋丝煮断生。

2 沥干水分后倒入蒜末和材料 A,拌匀入味,装入保鲜盒备食。

咖喱鸡便当

咖喱鸡
秋葵鸡蛋卷　炒菜心

咖喱鸡

4分钟

冷藏 2~3天
冷冻 1~2周

材料

土豆…100克　　胡萝卜…50克　　食用油…适量

洋葱…50克　　鸡胸肉…150克　　食盐…适量

咖喱…100克

做法

① 土豆、胡萝卜洗净切成小块；洋葱去皮，洗净切片。

② 鸡胸肉切丁，放入沸水中焯去浮沫，捞出沥干水分。

③ 热锅注入食用油，放入胡萝卜块、洋葱片，翻炒一会儿加土豆块炒匀。

④ 加入鸡肉丁炒匀，加适量清水，大火烧开后改小火煮熟。

⑤ 加入咖喱搅匀，加食盐调味，焖煮3分钟，收汁后装入保鲜盒，放入冰箱保存，食用时微波炉加热4分钟即可。

塑身理由

鸡胸肉是鸡肉中脂肪含量较少的部位，许多健身达人都喜欢将鸡胸肉作为运动后的能量补充，既补充蛋白，又不担心摄入多余脂肪，很适宜健身或减脂期间食用。

3分钟

冷藏
1~2天
冷冻
1~2周

秋葵鸡蛋卷

材料 秋葵…150 克　　食盐…适量
　　　　鸡蛋…3 个　　　食用油…适量

做法

❶ 秋葵洗净切段，沸水烫熟，过一下冷水。

❷ 鸡蛋打成蛋液，加食盐搅匀，锅中注入食用油，倒入蛋液，小火将蛋液煎成蛋皮。

❸ 蛋皮中放入秋葵，卷成蛋卷，再切成小块，并排装入保鲜盒，放冰箱保存，食用时微波炉加热 3 分钟即可。

冷藏

冷冻

炒菜心

材料 菜心…300 克　　食盐…少许
　　　　蒜末…少许　　　食用油…适量

做法

❶ 锅中注入食用油，爆香蒜末。

❷ 倒入菜心翻炒，炒至菜心变软。

❸ 加适量食盐调味即可。

温馨贴士

此菜最好不要保存，因其操作简单，可在上班前快速炒好。

星期四

完美塑身，
打造身心健康的食谱

木耳炒鱼片便当

木耳炒鱼片
炒魔芋　　苦瓜海带拌虾仁

木耳炒鱼片

3分钟

冷藏
1~2天

冷冻
1~2周

材料

草鱼肉…250 克
水发木耳…80 克
彩椒…50 克

A | 姜片、葱段、
蒜末…各少许

B | 食用油、水淀粉、 盐、
生抽、鸡粉…各适量
料酒…适量

做法

❶ 木耳、彩椒切小块；草鱼切片,加少
许材料 B 腌渍 10 分钟。

❷ 热锅注油,爆香材料 A。

❸ 倒入腌渍好的草鱼片,煎烧一会儿。

❹ 淋入料酒,煎至入味。

❺ 倒入彩椒、木耳炒匀；加材料 B 调味,
翻炒至食材熟透即可出锅保存。

炒魔芋

冷藏
1~2天
冷冻
1~2周

2分钟

材料

魔芋…300 克
胡萝卜…40 克
蒜末、葱花…各少许

A

食盐…2 克
鸡粉…2 克
生抽…4 毫升
水淀粉…适量
食用油…适量

做法

① 胡萝卜洗净切片，魔芋洗净切小块。

② 胡萝卜和魔芋分开煮至断生，捞出。热油爆香蒜末、葱花，翻炒魔芋和胡萝卜至熟。

③ 加入材料 A 炒入味，装入保鲜盒内，撒上葱花，食用时微波炉加热 2 分钟即可。

苦瓜海带拌虾仁

冷藏
1~2天
冷冻
1~2周

2分钟

材料

苦瓜…150 克
虾仁…100 克
西红柿…80 克
海带丝…适量

A

盐、白糖…各 2 克
白醋…10 毫升
生抽…5 毫升
芝麻油…5 毫升

做法

① 苦瓜洗净去瓤，切片；西红柿洗净切块。

② 热水烧开将苦瓜片、海带丝和处理好的虾仁，焯水烫熟后捞出，沥干水备用。

③ 加入材料 A，拌匀后装入保鲜盒内，放入冰箱保存，食用时微波炉加热 2 分钟即可。

西蓝花煎鸡蛋便当

西蓝花煎鸡蛋
秋葵炒肉末　　木耳炒黄瓜

西蓝花煎鸡蛋

3分钟

材料 鸡蛋…3 个　　　　橄榄油…少许
西蓝花…80 克　　　食盐…少许
胡萝卜…50 克

做法

 ① 鸡蛋打成蛋液。

 ② 西蓝花洗净切小朵,胡萝卜洗净切片。西蓝花热水焯烫至断生,捞出。

 ③ 将西蓝花、胡萝卜片加入蛋液中,加食盐调味拌匀。

 ④ 橄榄油倒入锅中烧沸,再倒入西蓝花鸡蛋液。

 ⑤ 两面煎至呈金黄色的蛋饼状,盛出切块装入保鲜盒保存。

3分钟

| 冷藏 2~3天 |
| 冷冻 1~2周 |

秋葵炒肉末

材料

玉米笋…100克
秋葵…100克
猪肉…80克
红椒丁…少许

A
酱油…适量
姜蒜汁…适量
橄榄油…适量
食盐…少许

做法

① 玉米笋、秋葵均洗净切小段。

② 猪肉洗净剁末，加材料A腌渍入味。

③ 橄榄油烧热后下入肉末翻炒一会儿，再加入玉米笋、秋葵、红椒丁，快速翻炒至熟。

④ 最后加食盐调味即可。

2分钟

| 冷藏 1~2天 |
| 冷冻 1~2周 |

木耳炒黄瓜

材料

A
蒜末…少许
葱花…少许
木耳…30克
黄瓜…300克
胡萝卜…50克

B
食盐…2克
陈醋…适量
橄榄油…适量

做法

① 黄瓜洗净切块，胡萝卜切片。

② 木耳加温水泡发，撕成小片备用。

③ 锅中烧热橄榄油，爆香材料A，倒入黄瓜、木耳、胡萝卜片快速翻熟，加材料B调味即可。

花样杂粮便当

葱花蛋卷
西蓝花杂粮饭   凉拌彩椒

葱花蛋卷

3分钟

冷藏
1~2天

冷冻
1~2周

 **材料**

鸡蛋…3个
葱花…适量
胡萝卜丁、洋葱丁…各50克

胡椒粉…少许
食用油…适量
食盐…适量

做法

① 鸡蛋打成蛋液，加食盐调味拌匀。

② 蛋液中加入胡萝卜丁、洋葱丁、葱花和少量胡椒粉拌匀。

③ 热锅注油，倒入蛋液，煎成金黄色的蛋饼，取出卷成蛋卷。

④ 将蛋卷切成容易入口的大小块状。

⑤ 盛入装有杂粮米饭的保存容器夹层内备食，食用时微波炉加热3分钟。

塑身理由

葱花蛋卷蕴含了多种健康蔬菜，富有营养的蛋白和丰富胡萝卜素，还有能促进消化的洋葱。一同制成蛋卷，口感美味鲜香，还有减脂的作用。

西蓝花杂粮饭

冷藏 2~3天
冷冻 1~2周

3分钟

材料 西蓝花…70克 水发黑米…50克
水发糙米…50克 水发大米…50克

做法

1 西蓝花切小朵，放入沸水锅中焯熟放凉。

2 锅中注水，放入水发糙米、黑米、大米，大火煮开后，改小火煮30分钟关火。

3 放入焯熟的西蓝花焖煮15分钟即可。

4 将蒸好的杂粮饭和西蓝花装入保鲜盒内，放入冰箱保存，食用时微波炉加热3分钟。

凉拌彩椒

冷藏

冷冻

材料
A 青椒…1个
红椒…1个
黄椒…1个
黑芝麻…少许

B 白醋…适量
白糖…适量
食盐…适量
芝麻油…适量

做法

1 将材料A分别洗净去子，切成丝。

2 取小碗，将材料A和材料B拌匀，食用时依个人口味撒上黑芝麻即可。

3 此菜操作简便，可在上班前快速做好。

星期五

持续高效，
保障健康营养的食谱

奶油炒虾便当

奶油炒虾
苦瓜煎蛋　蒜香葫芦瓜

148

奶油炒虾

3分钟

冷藏
2~3天

冷冻
1~2周

材料

草虾…300 克　　大蒜…5 克　　　食盐…2 克
洋葱…25 克　　　奶油…10 克　　食用油…适量

做法

 ❶ 草虾去头尾、虾线，洗净沥干水；洋葱及大蒜切末。

 ❷ 油锅烧沸，放入草虾炸至表皮酥脆，捞出沥油。

 ❸ 另起锅，加入奶油、洋葱末、蒜末，小火炒香，煮成料汁。

 ❹ 放入鲜虾，煮至奶油浸入虾肉入味。

 ❺ 加食盐调味，大火翻炒片刻即可出锅保存。

冷藏 1~2天
冷冻 1~2周

2分钟

苦瓜煎蛋

材料

鸡蛋…3 个　　　食盐…适量
苦瓜丝…80 克　　橄榄油…适量
红椒末…少许

做法

① 将鸡蛋打散成蛋液，加少许食盐调味。

② 苦瓜丝和红椒末一起加入蛋液中拌匀。

③ 锅中烧热油，倒入苦瓜蛋液煎至凝固成蛋饼，盛出切块保存即可。

冷藏 1~2天
冷冻 1~2周

2分钟

蒜香葫芦瓜

材料

葫芦瓜…400 克　　食盐…2 克
胡萝卜…100 克　　食用油…5 毫升
蒜末…少许　　　　水淀粉…适量
　　　　　　　　　芝麻油…适量

做法

① 葫芦瓜洗净切片；胡萝卜洗净去皮切片。

② 热油起锅，爆香蒜末，放入胡萝卜片、葫芦瓜片炒匀，加清水、食盐、水淀粉勾芡。

③ 加芝麻油，翻炒片刻，盛入保鲜盒内，放入冰箱保存，食用时微波炉加热 2 分钟即可。

香烧鲳鱼便当

香烧鲳鱼
红薯烧口蘑　　法式拌杂蔬

香烧鲳鱼

4分钟

冷藏 1~2天
冷冻 1~2周

材料

A | 蒜末、姜末…各 15 克
金鲳鱼…400 克

B | 料酒…5 毫升
香醋…3 毫升
豆瓣酱…25 克

C | 白糖…3 克
鸡粉…4 毫升
食用油…适量

做法

 ❶ 鲳鱼处理干净，两面切上一字花刀。

 ❷ 锅中注油烧至六成热，倒入金鲳鱼，炸至起皮，捞出沥干油。

 ❸ 锅底留油，爆香材料 A，再炒香豆瓣酱。

 ❹ 注入清水，放入鲳鱼焖烧入味。

 ❺ 淋入材料 B，煮沸；加材料 C 调味，焖煮入味即可出锅保存。

红薯烧口蘑

材料　红薯…160 克　　A｜食盐…2 克
　　　　口蘑…60 克　　　｜白糖…2 克
　　　　葱花…少许　　　　｜香油…2 毫升
　　　　　　　　　　　　　｜食用油…适量

做法

① 红薯、口蘑切小块，水烧开后将口蘑焯一下水，捞出沥干水。

② 热油起锅，倒入红薯和口蘑，翻炒均匀；注入清水煮一会儿。

③ 加材料 A，中火煮至入味；收汁后装入保鲜盒，食用时微波炉加热 3 分钟即可。

法式拌杂蔬

材料　西红柿…100 克　A｜柠檬汁…20 毫升
　　　　黄瓜…150 克　　　｜蜂蜜…5 克
　　　　生菜…100 克　　　｜白醋…5 毫升
　　　　　　　　　　　　　｜椰子油…5 毫升

做法

① 洗净的黄瓜切片，西红柿切丁，生菜洗净。

② 取一容器，倒入材料 A，拌匀，调成味汁。

③ 将生菜块、西红柿丁、黄瓜片一起装入保鲜盒，淋入味汁，搅拌均匀即可。

④ 此菜不宜保存，因此可在上班前做好。

田园便当

玉米笋焖排骨
什锦蔬菜　　菠菜丸子

玉米笋焖排骨

4分钟

材料

排骨段…300 克	姜片…少许	食盐…3 克
玉米笋…200 克	葱段…少许	生抽…5 毫升
胡萝卜…150 克	蒜末…少许	料酒…5 毫升
		食用油…适量

做法

① 玉米笋切段，胡萝卜切丁，放入沸水中，焯水 1 分钟后捞出。

② 沸水锅中放入排骨段，煮约半分钟，汆去血丝，捞出沥干水分。

③ 热锅注油，爆香姜片、葱段、蒜末，倒入排骨段，翻炒入味。

④ 加入料酒、生抽，炒至排骨入味生香。

⑤ 放入玉米笋、胡萝卜炒匀，注水烧开后用小火焖煮约 15 分钟，最后加食盐调味，即可出锅保存。

塑身理由

玉米笋又叫珍珠笋，食之脆嫩，味道鲜美，搭配排骨烹制，风味鲜香，具有促进消化、提高代谢的减脂作用。

冷藏
1~2天
冷冻
1~2周

什锦蔬菜

材料　胡萝卜、青豆…各30克　食盐…少许
香菇、红黄椒…各30克　食用油…适量
芦笋、莴笋…各100克

做法

① 所有食材均洗净，切段备用。

② 锅中注水，加少许食盐，用筷子拌匀，放入胡萝卜、青豆、香菇焯水片刻。

③ 另起锅，锅中放入少许食用油烧热，放入全部材料翻炒至熟。

④ 加入食盐，炒匀入味，即可出锅。

冷藏
1~2天
冷冻
1~2周

菠菜丸子

材料　肉末…150克　食盐…适量
菠菜…50克　芝麻油…适量
鸡蛋…1个　面粉…适量

做法

① 菠菜沸水焯软，捞出挤干水切碎，备用。

② 取大碗，放入肉末，加适量盐，倒入菠菜末。

③ 打入鸡蛋、面粉、芝麻油，拌匀制成肉馅。

④ 将肉馅制成数个丸子，放入蒸锅中，中火蒸约8分钟至熟即可出锅保存。

Part 6 四季预制便当大不同

春夏秋冬，时令有别。遵循季节特点选择当令食材，便当也能充满元气和色彩。本章按照四季特点，挑选出符合当季的新鲜食材，让小小的便当也能尝出四季风味。

春季
{ 消脂排毒正当时 }

冷藏
2~3天
冷冻
1~2周
3分钟

韭菜黄豆炒牛肉

材料

韭菜…150 克 食盐…3 克 生抽…5 毫升

水发黄豆…50 克 鸡粉…2 克 食用油…适量

牛肉…300 克 料酒…8 毫升 水淀粉…4 毫升

干辣椒…少许 老抽…3 毫升

做法

① 锅中注清水烧开，倒入洗好的黄豆，煮至断生，捞出；韭菜洗净切段。

② 牛肉洗净切丝，加 1 克盐、水淀粉、4 毫升料酒，搅匀，腌渍 10 分钟至入味，备用。

③ 热锅注油，倒入牛肉丝、干辣椒，翻炒至牛肉变色。

④ 淋入料酒，放黄豆、韭菜翻炒，淋入剩余调料，出锅后放冰箱保存，食用时微波炉加热 3 分钟即可。

推荐理由

春天万物初长，阳气生发，正是人体温阳养肝时节，韭菜性温，可补肾温阳，开胃消食；牛肉是蛋白丰富而脂肪含量低的优质肉类，搭配黄豆烹煮，汤汁浓醇，营养美味。

冷藏 1~2 天
冷冻 1~2 周
3 分钟

莴笋洋葱蒸三文鱼

材料

嫩莴笋…半根
三文鱼…250 克
洋葱、胡萝卜…各 60 克

A
食盐…适量
柠檬汁…适量
胡椒粉…适量
生抽…适量
橄榄油…适量

做法

① 三文鱼洗净，切成容易入口的块状大小。

② 加材料 A 腌渍 10 分钟至入味。

③ 嫩莴笋去皮洗净切丝，洋葱、胡萝卜洗净切丝。

④ 三文鱼块装盘，撒上莴笋丝、洋葱丝、胡萝卜丝，淋入橄榄油。

⑤ 放入蒸锅蒸约 6 分钟，装入保存容器入冰箱保存，食用时微波炉加热 3 分钟即可。

推荐理由

三文鱼含有虾青素，是红肉鱼类，营养价值非常高。在所有鱼类中，其所含的 ω-3 不饱和脂肪酸最多，能有效地降低高血压和心脏病的发病率，还能使皮肤变得细滑。

蘑菇竹笋豆腐

冷藏
1~2天

2分钟

冷冻
1~2周

材料
豆腐…400 克　　口蘑…60 克
竹笋…50 克　　葱花…少许

A
食盐…少许
鸡粉…2 克
生抽、老抽…各适量
食用油…适量
水淀粉…4 毫升

做法

❶ 豆腐切块；口蘑切丁；竹笋切丁。

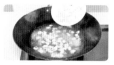
❷ 锅中注水加盐烧开，倒入口蘑、竹笋
　 煮 2 分钟；放入豆腐，略煮后捞出。

❸ 另起锅烧热食用油，放入焯过水的食
　 材，翻炒均匀。

❹ 加适量清水，淋入材料 A，炒香入味。

❺ 加入水淀粉，撒上葱花，收干汤汁
　 后放冰箱保存，食用时微波炉加热 2
　 分钟即可。

魔芋炖鸡腿

3分钟

冷藏 1~2天
冷冻 1~2周

材料

A 姜片、蒜末、
葱段…各少许　魔芋…90 克
鸡腿…250 克　红椒…20 克

B 酱油…适量
料酒…适量
食盐…适量
鸡粉…适量
豆瓣酱…5 克
老抽…适量
食用油、水淀粉…各适量

做法

 ❶ 魔芋、红椒洗净切小块；鸡腿洗净斩
小块，加少许材料 B 腌渍入味。

 ❷ 将魔芋加食盐焯水 1 分钟后捞出。

 ❸ 热锅注入食用油，爆香材料 A，炒香
鸡腿块。

 ❹ 加适量清水和材料 B，放入魔芋，加
入老抽、豆瓣酱焖煮入味。

 ❺ 放入红椒段，淋入水淀粉，撒上葱段，
凉后放入冰箱保存，食用时微波炉加
热 3 分钟即可。

马齿苋炒黄豆芽

2分钟

冷藏
1~2天
冷冻
1~2周

材料

马齿苋…200 克
黄豆芽…100 克
红椒…1 个

食盐…适量
生抽…适量
食用油…适量

做法

❶ 马齿苋、黄豆芽洗净，红椒洗净切丝备用。

❷ 黄豆芽和红椒丝入沸水中焯水断生，捞出沥干水分。

❸ 热油倒入马齿苋、黄豆芽和红椒丝，快速炒匀后加食盐、生抽调味，保存，食用时微波炉加热 3 分钟即可。

推荐理由

马齿苋对多种细菌有较强的抑制作用，可清热解湿、止痢消炎、解毒止痛，还能促进胰岛素的分泌、控制胆固醇增高。很适宜春季食用。

枸杞拌蚕豆

材料

蚕豆…400 克　　香菜…10 克　　食盐…2 克
枸杞…20 克　　蒜末…10 克　　辣椒油…适量
　　　　　　　　　　　　　　生抽、陈醋…各 5 毫升

做法

① 锅内注清水，加入盐，倒入洗净的蚕豆、枸杞烧开。

② 大火煮开后转小火煮 30 分钟至熟，捞出装碗待用。

③ 锅中爆香辣椒油、蒜末，淋入生抽、陈醋，制成酱汁。

④ 将酱汁淋入蚕豆碗内，撒上香菜，装入保鲜盒内备食。

夏季

{ 清凉祛热增食欲 }

冷藏 1~2天
冷冻 1~2周
2分钟

苦瓜炒马蹄

材料

苦瓜…120克
马蹄肉…100克
蒜末、葱花…各少许

A
食盐…3克
鸡粉…2克
白糖…3克
水淀粉…适量
食用油…适量

做法

❶ 马蹄肉切薄片；苦瓜去瓤切片装碗，加食盐拌匀，腌渍20分钟。

❷ 锅中注水烧开，倒入腌好的苦瓜，焯水断生，捞出沥干水分。

❸ 热油起锅，爆香蒜末；放入马蹄肉，炒匀；倒入苦瓜，快速翻炒。

❹ 加材料A炒香，淋上水淀粉勾芡；撒上葱花，装入保鲜盒放冰箱保存，食用时微波炉加热2分钟。

推荐理由

夏季高温酷暑，苦瓜在夏季食用可清热解暑，其味苦性寒，帮助人体清肠解毒，和爽脆的马蹄一同烹饪，是夏季一道清爽的解暑小菜。

菠萝炒鸭丁

冷藏 2~3 天
冷冻 1~2 周

3分钟

材料

A　姜片、蒜末、
　　葱段…各少许
　　彩椒…50 克
　　鸭肉…200 克
　　菠萝肉…180 克

B　蚝油…5 毫升　　水淀粉…适量
　　生抽…8 毫升　　食用油…适量
　　食盐…4 克　　　料酒…6 毫升
　　鸡粉…2 克

做法

❶ 菠萝肉切成丁；彩椒洗净切小块。

❷ 鸭肉洗净切小块，加少许材料 B 腌
　渍入味。

❸ 锅中注水烧开，加入食用油、菠萝丁、
　彩椒块，煮约半分钟，捞出。

❹ 热油起锅爆香材料 A，倒入鸭肉块，
　加料酒和焯好的菠萝肉和彩椒，翻炒
　至熟。

❺ 加入材料 B，淋入水淀粉勾芡即可，
　装入保鲜盒放冰箱保存，食用时微波
　炉加热 3 分钟。

西红柿炒青茄

冷藏 1~2 天
冷冻 1~2 周

2 分钟

材料

青茄子…120 克
西红柿…100 克
花椒、蒜末…各少许

A
食盐…2 克
白糖…3 克
鸡粉…3 克
水淀粉…适量
食用油…适量

做法

❶ 青茄子、西红柿均洗净，切小块。

❷ 热锅注油，倒入青茄子，中小火略炸，炸出香味后捞出沥干油。

❸ 热油起锅，爆香花椒、蒜末，倒入炸好的青茄子、西红柿，炒至八分熟。

❹ 加材料 A 炒入味，淋入水淀粉勾芡，装入保鲜盒放冰箱保存，食用时微波炉加热 2 分钟即可。

冬瓜烧香菇

冷藏
1~2天

2分钟

冷冻
1~2周

材料

A
姜片…少许
葱段…少许
蒜末…少许
冬瓜…200 克
鲜香菇…45 克

B
食盐…2 克
鸡粉…2 克
蚝油…5 毫升
食用油…适量
水淀粉…适量

做法

① 冬瓜切丁；香菇切小块。

② 烧水倒入食用油、食盐，加冬瓜、香菇煮至断生，捞出沥干水。

③ 炒锅注油烧热，爆香材料 A；倒入焯过水的食材，快速翻炒均匀。

④ 注入清水，加材料 B，淋入水淀粉勾芡，装入保鲜盒放入冰箱，食用时微波炉加热 2 分钟即可。

豆腐鸡肉丸

冷藏 2~3天
冷冻 1~2周

3分钟

材料

鸡胸脯肉…100 克
嫩豆腐…150 克
青菜叶末…少许
蛋液…适量

食盐…适量
香油…适量
淀粉…适量
生抽、蒜汁…各适量

做法

① 鸡胸脯肉洗净，剁成泥，加入所有调味料拌匀。

② 嫩豆腐冲净，压成泥。

③ 嫩豆腐装入碗中，加入鸡肉泥、蛋液、青菜叶末，搅拌均匀。

④ 搓成丸子状，蒸锅蒸 6 分钟至熟，装入保鲜盒入冰箱储存，食用时微波炉加热 3 分钟即可。

秋季
润燥补肺加水分

冷藏
2~3天
冷冻
1~2周

黄花菜拌海带丝

材料

彩椒…50 克

水发海带…80 克

水发黄花菜…80 克

蒜末、葱花…各少许

食盐…3 克

白醋…5 毫升

生抽…4 毫升

陈醋…4 毫升

芝麻油…少许

做法

❶ 彩椒洗净，切成粗丝；海带切细丝。

❷ 锅中注水烧开，淋入白醋，倒入海带丝、黄花菜、彩椒丝，加食盐续煮片刻，捞出。

❸ 把焯熟的食材装入碗中，撒上蒜末、葱花，加入少许食盐拌入味。

❹ 淋入生抽、芝麻油、陈醋调味，装入保鲜盒内放冰箱备食即可。

推荐理由

海带是女性之友，常吃可润肤护发防乳腺病，还可消痰软坚、泄热利水、止咳平喘、祛脂降压；与黄花菜凉拌食用，可补充人体水分，很适宜干燥的秋季食用。

西芹百合炒白果

冷藏
2~3天

冷冻
1~2周

2分钟

材料

西芹…150 克

鲜百合…100 克

白果…100 克

彩椒…10 克

鸡粉…2 克

食盐…2 克

水淀粉…3 毫升

食用油…适量

做法

❶ 彩椒洗净，切成大块；彩椒洗净切段；西芹洗净切成段。

❷ 锅中注水烧开，倒入白果、彩椒、西芹、百合，略煮一会儿，捞出备用。

❸ 热锅注油，倒入焯好水的食材，加入食盐、鸡粉，翻炒入味至熟。

❹ 淋入水淀粉，翻炒片刻即可。装入保鲜盒放冰箱，食用时微波炉加热 2 分钟。

虾米炒秋葵

冷藏 1~2天
冷冻 1~2周

3分钟

材料 虾米…20克　　食用油…适量
木耳…40克　　蒜末、葱段…各少许
鲜百合…50克　食盐、鸡粉…各2克
秋葵…100克　　料酒…适量

做法

1 木耳洗净切段；秋葵洗净切段。

2 热油起锅，爆香蒜末、葱段；倒入虾米，淋入料酒，放入百合、木耳、秋葵翻炒。

3 加食盐、鸡粉，炒匀调味即可。

什锦清凉炒

冷藏 1~2天
冷冻 1~2周

2分钟

材料 藕片…100克　　鲜百合…40克
荷兰豆…60克　　食用油…适量
银耳、黑木耳…10克　食盐…少许
红椒片…50克　　蒜片…少许
　　　　　　　　水淀粉…适量

做法

1 银耳与黑木耳泡发后洗净撕成小块。

2 热油爆香蒜片，倒入藕片、荷兰豆、银耳、黑木耳炒匀。

3 加红椒片和百合翻炒至熟，用水淀粉勾薄芡，加食盐调味，收干汤汁即可。

175

南瓜牛肉

冷藏
2~3天

3分钟

冷冻
1~2周

材料

A
豆瓣酱…12 克
生抽…4 毫升
老抽…2 毫升
食盐…3 克
料酒…4 毫升
五香粉…适量
食用油…适量

姜片、蒜末…各少许
牛腱肉…300 克
南瓜…200 克
红黄彩椒…50 克
冰糖…适量
鸡粉…适量
韭菜…适量

做法

① 锅中注水烧开，加少许老抽、鸡粉、盐和牛腱肉，撒上五香粉，煮熟软，取出放凉。

② 韭菜切段；南瓜去皮切小块，红黄彩椒洗净切段。

③ 牛腱肉切小块；油锅爆香姜蒜，放入牛肉块翻炒至变色。

④ 加材料 A 调味，加南瓜块、韭菜段、清水、鸡粉、冰糖煮入味即可出锅保存。

茭白炒荷兰豆

2分钟

冷藏 1~2天
冷冻 1~2周

材料

A
彩椒…50 克
茭白…120 克
荷兰豆…80 克
水发木耳…45 克

B
蒜末、姜片、葱段…各少许
食盐…3 克
鸡粉…2 克

蚝油…5 毫升
水淀粉…5 毫升
食用油…适量

做法

❶ 荷兰豆洗净切段；茭白切片；彩椒、木耳洗净切小块。

❷ 注水烧沸，加盐、食用油、材料 A 煮至断生，捞出沥干水。

❸ 热油爆香材料 B；倒入焯好水的食材，翻炒至熟。

❹ 加盐、鸡粉、蚝油，炒匀调味；淋入水淀粉勾芡即可。

冷藏 1~2 天
冷冻 1~2 周
2 分钟

桂花蜂蜜蒸萝卜

材料 白萝卜…250 克　　　蜂蜜…30 毫升
桂花…5 克

做法

❶ 白萝卜洗净切成片，中间挖一个小洞。

❷ 装入蒸盘，在白萝卜片小洞里淋入蜂蜜、放入桂花。

❸ 取电蒸锅，注入适量清水烧开，放入蒸盘蒸 15 分钟。

❹ 揭盖，取出白萝卜，待凉后装入保鲜盒，食用时微波炉加热 2 分钟即可。

推荐理由 白萝卜具有清热生津、利尿消食的作用，蜂蜜、桂花具有滋阴润肺的作用，对缓解"秋燥"很有帮助。

冬季

温补祛寒聚热量

冷藏 2~3天
冷冻 1~2周
2分钟

青蒜豆芽炒鸡丝

材料

蒜苗…90克
黄豆芽…50克
鸡胸肉…150克
红椒…20克
姜片、蒜末…各少许

A
食盐…2克
料酒…3毫升
食用油…适量
水淀粉…6毫升

做法

❶ 蒜苗洗净切长段；黄豆芽洗净切去根部，焯至断生；红椒洗净去子，切粗丝。

❷ 鸡胸肉洗净切细丝，加少许材料A腌渍入味。

❸ 锅中放油烧热，爆香姜片、蒜末，放入鸡肉丝炒匀，倒入蒜苗段炒至熟软。

❹ 放入黄豆芽、红椒丝炒出香味，加材料A炒至食材入味，出锅保存，食用时微波炉加热2分钟即可。

推荐理由

黄豆芽含有蛋白质、B族维生素、维生素C、钙、钾、磷、铁等营养成分，具有益气补血、促进骨骼发育、清热利湿等功效。黄豆芽搭配鸡肉，能为人体补充能量。

4分钟

| 冷藏 | 2~3天 |
| 冷冻 | 1~2周 |

孜然羊肉

材料

羊肉…300 克　　食用油…适量
香菜段…50 克　　孜然粉…适量
红黄椒…30 克　　水淀粉…适量
姜、蒜末…各适量　食盐、白糖…各适量

做法

❶ 羊肉洗净切片,加姜末、食盐、白糖、水淀粉拌匀腌入味。

❷ 油锅烧热,倒入羊肉,炒熟捞起

❸ 锅留底油,爆香姜、蒜,倒入羊肉翻炒片刻。

❺ 撒入红黄椒片炒匀,加孜然粉调味,撒入香菜段即可。

3分钟

| 冷藏 | 3~4天 |
| 冷冻 | 1~2周 |

鹌鹑蛋烧板栗

材料

熟鹌鹑蛋…150 克　盐、鸡粉…各 2 克
板栗肉…80 克　　水淀粉…适量
胡萝卜…50 克　　食用油…各适量
大枣…15 克　　　生抽…适量
　　　　　　　　生粉…适量

做法

❶ 鹌鹑蛋加入生抽、生粉,热锅注油,油炸鹌鹑蛋和板栗肉至金黄色。

❷ 热水煮开放入全部食材,加盐和鸡粉小火煮 15 分钟转大火煮浓汤。加水淀粉勾芡。

辣子鱼块

4分钟

冷藏 1~2天
冷冻 1~2周

材料

姜片、葱段…各少许
草鱼尾…200 克
青椒、香菇…各 40 克
胡萝卜…30 克

A
生抽…5 毫升
陈醋 …10 毫升
食盐、生粉…各 2 克
水淀粉…8 毫升
豆瓣酱…15 克
食用油…适量

做法

❶ 胡萝卜切片；青椒、香菇切小块，草
鱼尾切小块; 加生抽、食盐、生粉腌渍。

❷ 热锅注入食用油，烧至六成热，放入
草鱼块，炸至金黄色，捞出沥干油。

❸ 锅底留油，爆香姜葱，倒入胡萝卜、
香菇炒香，加豆瓣酱，炒香。

❹ 放入鱼块，倒入清水及材料 A 炒匀；
放入青椒块，炒匀；淋入水淀粉勾芡
煮入味即可出锅。

口蘑烧白菜

2分钟

冷藏 1~2天
冷冻 1~2周

材料

A | 姜片、蒜末、葱段…各少许
口蘑…50 克
红椒…30 克
大白菜…150 克

B | 食盐…3 克 　料酒…4 毫升
鸡粉…2 克 　水淀粉…适量
生抽…2 毫升 　食用油…适量

做法

❶ 口蘑切片；大白菜洗净切段；红椒洗净切段。

❷ 锅中注水烧开，加少许材料 B，倒入口蘑，煮 1 分钟；倒入大白菜、红椒，煮半分钟，捞出。

❸ 热油起锅，爆香材料 A；倒入焯好的食材炒匀；淋入料酒，加材料 B，翻炒入味。

❹ 倒入生抽，淋入水淀粉勾芡，收干汤汁后出锅保存，食用时微波炉加热 2 分钟即可。